机械采油系统节能监测与评价方法

马建国　主编

石油工业出版社

内 容 提 要

本书讲述了游梁式抽油机系统的组成、工作原理，对系统各部分的能耗损失进行了分析，并介绍了各部分能效监测方法及评价方法，另外，对包括配电变压器在内的地面及井下系统的各种节能产品应用、节能改造技术、节能管理方法也作了介绍，可为油田开展游梁式抽油机节能监测、节能降耗以及节能评价工作提供参考。

本书可以为油气田节能管理人员、现场测试人员提供参考，也能作为相关技术人员的培训教材和工作指南。

图书在版编目(CIP)数据

机械采油系统节能监测与评价方法/马建国主编.
北京:石油工业出版社,2014.5
ISBN 978-7-5183-0171-3

Ⅰ. 机…
Ⅱ. 马…
Ⅲ. 机械采油-节能-研究
Ⅳ. TE355.5

中国版本图书馆 CIP 数据核字(2014)第 091808 号

出版发行：石油工业出版社
(北京安定门外安华里 2 区 1 号 100011)
网　　址：www.petropub.com
编 辑 部：(010)64523553 图书营销中心：(010) 64523633
经　　销：全国新华书店
印　　刷：北京中石油彩色印刷有限责任公司

2014 年 5 月第 1 版 2019 年 8 月第 3 次印刷
880×1230 毫米 开本：1/32 印张：7
字数：201 千字

定价：30.00 元
(如出现印装质量问题，我社图书营销中心负责调换)

《机械采油系统节能监测与评价方法》

编 写 组

主　　编: 马建国

副 主 编: 张建华　武俊宪

成　　员: 葛苏鞍　廉守军　帕尔哈提·阿不都克里木

周胜利　王睿弦　葛永广　刘克让　唐满红

何中凯　薛国锋　李　波　王　冲　李　辉

李旭光　郭景芳　王新翰　金卫东　王　坚

张昌盛　孙彦峰　沙力妮　孟　欣　罗仁泽

周云旭　仝　迪　郑　勉　代云中　石明江

前　言

机械采油是我国原油开采的主要手段,其中又以游梁式抽油机采油为主(除特殊说明,本书所称机械采油系统主要指游梁式抽油机采油系统)。

机械采油系统节能监测是油气田企业节能管理的基础工作。它通过对机械采油系统用能状态测试、能效水平分析,依据国家和行业有关能源法规和技术标准对系统的能源利用状况作出科学评价,提出有针对性的节能改进建议,为企业节能管理和技术改造提供技术支持,提高机械采油系统的用能水平。

本书主要介绍机械采油系统的组成、工作原理及各部分的能耗分析、节能监测方法、节能降耗技术与评价方法。本书分为以下5章:

第1章介绍了机械采油系统的组成和工作原理,包括机械采油系统的组成及其主要能耗分析、抽油机悬点运动规律及理论示功图、抽油机需求功率计算。本章主要为系统能耗分析提供理论基础。

第2章介绍了机械采油系统的节能监测方法,以及一些实用的能耗测试技术。本章主要为科学测试机械采油系统能耗水平提供技术指导。

第3章介绍了机械采油系统节能监测的计算方法及评价指标,主要包含供配电系统、机械采油地面系统及井下系统三部分,同时对影响系统效率的主要因素作了详细分析。本章主要为机械采油系统节能监测的计算和评价提供理论依据。

第4章介绍了机械采油系统节能降耗技术,包括供配电系统、机械采油地面系统及井下系统的节能技术、节能改造措施及节能管理技术。本章主要为油气田企业实施机械采油系统节能降耗措施提供参考。

第5章介绍了机械采油系统节能技措的评价方法，包括单项技术评价方法、综合技术评价方法及经济效益评价方法。本章主要为油气田企业开展节能技措评价提供科学的评价方法。

本书可作为油气田节能管理人员的业务指南、节能监测人员的技术参考、相关技术人员的培训教材。

本书由马建国创意策划、统筹编排，并负责全书校对审核。本书主要技术观点来自中国石油天然气集团公司西北油田节能监测中心的技术研究，并获得中国石油天然气集团公司节能技术监测评价中心的鼎力加盟。本书编写过程中获得了各油田公司的积极参与，辽河油田、塔里木油田、吉林油田、冀东油田和新疆油田相关技术人员参与了书稿的校对修改，同时还得到了西南石油大学油气信号检测与信息处理青年科研创新培育团队基金项目（No. 2013XJZT007）资助，在此一并致谢！

由于编者经验水平有限，疏漏之处在所难免，欢迎广大读者批评指正（如有完善意见请反馈至：majianguo@petrochina.com.cn）。

马建国

2014年3月

目　　录

1　机械采油系统组成及运行状态分析

机械采油系统一般是指利用抽油机通过抽油杆带动井下的抽油泵做上下往复运动的原油抽汲系统，主要分为游梁式抽油机、潜油电泵和螺杆泵等三种装置类型。游梁式采油装置由于有结构简单、寿命长、适应性好等诸多优点，被广泛应用于国内外各大油田。本章将主要介绍基于游梁式抽油机的有杆采油系统的组成和游梁式抽油机的运行状态分析。

1.1　机械采油系统

机械采油系统主要由地面的输配电装置（动力的提供）和抽油机（动力的转换与匹配）以及地下的抽油泵（原油汲取与提升）组成。其工作过程可以分为：输配电装置将电能从电网分配至抽油机，由电动机将高速的旋转运动动力通过皮带传递给减速箱，经减速箱减速后传递给构成抽油机的四连杆机构。四连杆机构将电动机的旋转运动转化为游梁的上、下运动，并进一步通过抽油杆带动抽油泵柱塞做上下往复运动，最终将原油抽汲至地面。

1.1.1　抽油机

抽油机是开采石油的一种机器装置，俗称“磕头机”。抽油机按结构可分为游梁式抽油机和无游梁式抽油机两个大类，而游梁式抽油机在国内外的应用最为广泛。游梁式抽油机结构并不复杂，主要由四大部分构成，分别是：电动机驱动设备、减速器、游梁—连杆—曲柄机构和辅助装置。游梁式抽油机工作时，电动机高速旋转，通过皮带将旋转动力传递给减速器，减速后的旋转运动由曲柄通过连杆机构带动游梁上下往复循环摆动。游梁前端的驴头通过悬绳器拉动抽油杆柱做上下往复直线摆动。游梁式抽油机类型丰富，按结构形式的不同可分为：常规型抽油机、前置型抽油机、偏置型抽油机、偏轮式抽油机、下偏杠铃抽油机和双驴头抽油机等几大类。石油开采过程中以常规型抽油机和前置型抽油机最为常见。

我国游梁式抽油机型号表示方法如图1.1所示。

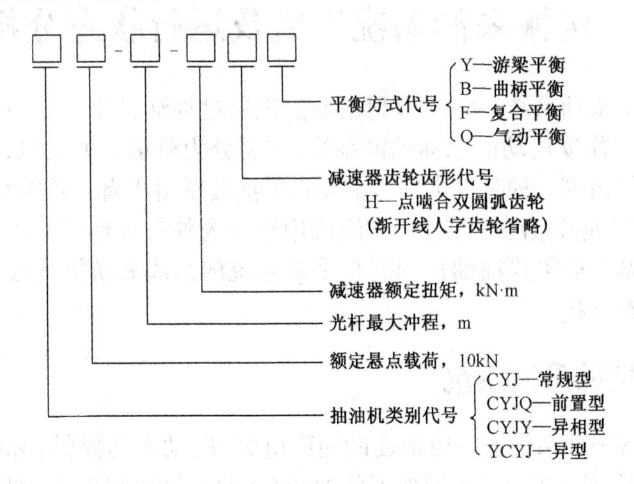

图1.1　游梁式抽油机型号表示方法

例如:型号为CYJ8－3－37HB的常规型游梁式抽油机的额定悬点载荷为80kN,光杆最大冲程为3m,减速器额定扭矩为37kN·m,采用曲柄平衡的平衡方式,减速器采用点啮合双圆弧齿轮。

1.1.1.1　常规型抽油机

常规型抽油机结构简单,可靠耐用,是目前油田使用最多、应用最广的一类抽油机。这类抽油机具有的结构特点是:曲柄连杆和驴头位于游梁的左右两端,游梁的中部是支架,曲柄轴中心基本位于游梁尾轴承的正下方,上下冲程运行时间相等。这样的结构特点使得它在运行过程中容易造成能源浪费,出现“大马拉小车的现象”。常规型抽油机的外形如图1.2所示。

1.1.1.2　前置型抽油机

前置型抽油机与常规型抽油机有所不同。与常规型抽油机相比,前置型抽油机规格尺寸更小,在相同曲柄半径情况下,前置型的冲程时间明显更长。前置型抽油机的上、下冲程时间也不相等,上冲程运行时间长于下冲程运行时间,这样使得上冲程的运行速度、加速度和动载荷等参数降低,便于抽油机运行。前置型抽油机外形特点是:曲柄连杆和驴头位于游梁的同一端,支架位于游梁的另一端。大多数前置型抽油机都是重型长冲程抽油机,除采用机械平衡方式外,也有采用气动平衡方式的。前置型抽油机的外形如图 1.3 所示。

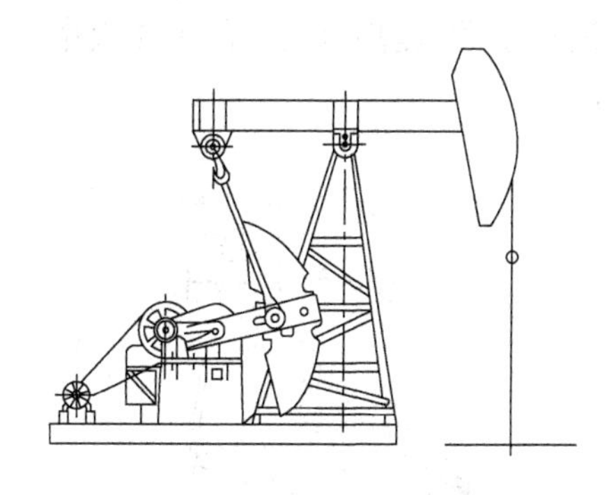

图 1.2　常规型抽油机

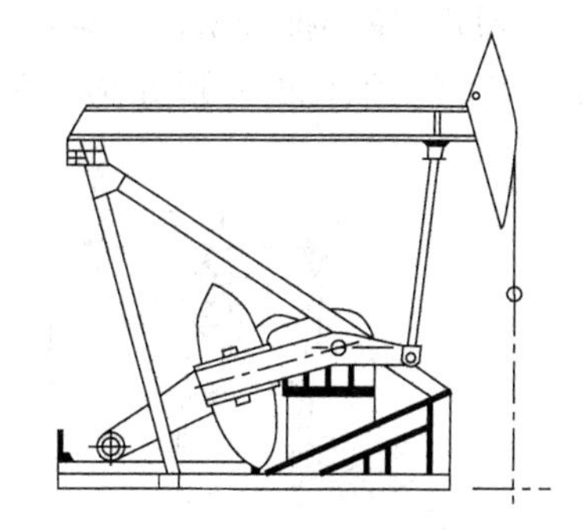

图 1.3　前置型抽油机

1.1.1.3　偏置型抽油机

偏置型抽油机和常规型抽油机的最大区别在于:该种抽油机的曲柄销与曲柄轴中心线对于曲柄自身的轴线有一个偏置角,当悬点运动到上下死点时,连杆间会存在一个 5°～20°的夹角。平衡块在旋转运动时,由于受到该夹角的影响,其扭矩曲线的相位出现前移,这样平衡块在曲柄上的扭矩与悬点载荷作用在曲柄上的扭矩叠加后的总扭矩曲线将变得更加平坦,动力电动机上的电流峰值也得以降低,功率因数和能耗情况都得以改善,从而降低了抽油机的功率消耗,提高了电动机的运行效率。由于极位夹角的影响,偏置型抽油机的上冲程时间较长,下冲程时间较短。这样一来,较长时间的上冲程可以使抽油泵的充满程度更高,同时还减小了惯性载荷,因此抽油系统的井下效率得以提高。偏置型抽油机的外形如图 1.4 所示。

1.1.1.4　下偏杠铃抽油机

下偏杠铃抽油机也是一种在常规型抽油机基础上改进的复合平衡游梁式抽油机。这种类型的抽油机与常规型抽油机的最大不同在于，该种类型的抽油机在游梁尾部增加了一个固定偏置平衡装置，这样游梁的重心相对于游梁出现一个下偏角度。这种平衡结构利用变矩原理与曲柄平衡共同作用，使得峰值扭矩明显降低，抽油机曲柄轴净扭矩曲线的波动变得更加平缓，同时这种结构还能在一定程度上消除负扭矩，减小抽油机的周期载荷波动系数，提高电动机的工作效率。下偏杠铃抽油机的外形如图 1.5 所示。

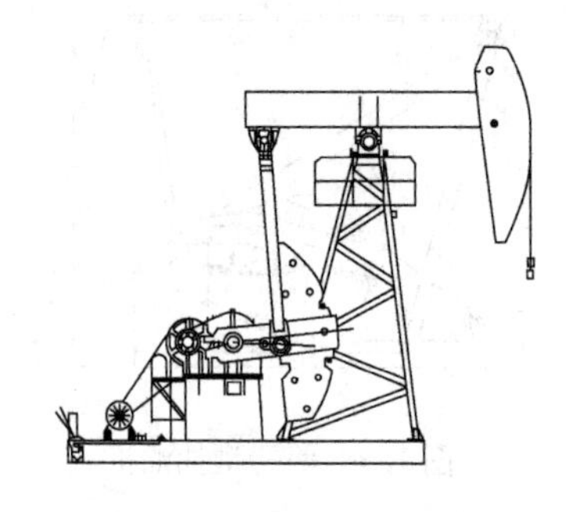
图 1.4　偏置型抽油机

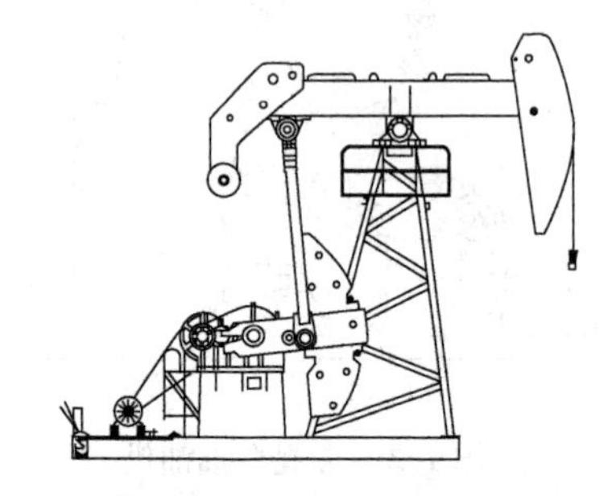
图 1.5　下偏杠铃抽油机

1.1.1.5　偏轮式抽油机

偏轮式抽油机与常规式抽油机在游梁结构上存在着较大的不同。相较于传统的四连杆机构，偏轮式抽油机采用以游梁尾部的偏轮为中心的独特的六连杆机构。偏轮与游梁中心和支架之间增设推杆，在游梁尾部、横梁、推杆与偏轮之间用轴承连接，偏轮杆件均为刚性连接。这种结构使得游梁抽油机拥有更好的运动平衡效果，减速器输出扭矩的峰值得以降低，从而使电动机的动力输出效率提高。与常规型抽油机相比，偏轮式游梁抽油机的系统效率可提高约 10%，单井功耗下降约 20%。偏轮式抽油机的外形如图 1.6 所示。

1.1.1.6　双驴头抽油机

双驴头抽油机是一种运行效率较高的异型游梁式抽油机，该抽油机游梁后臂的形状和驴头十分相似，因此该种类型的游梁式抽油机也被叫做双驴头抽油机。双驴头抽油机的曲线型游梁后臂与曲柄轴之间采用柔性连接。抽油机在运行过程当中，因为游梁受曲线型游梁后臂的影响,所以其运行扭矩随连杆长度、曲柄转角的变化而变化,即"变参数四连杆机构"。这种抽油机可增加游梁摆角,冲程可提高20% ~70%。由于采用变径圆弧的游梁后臂,使其实现负载大时平衡力矩大,负载小时平衡力矩小的工作状态。双驴头抽油机的"变参数四连杆机构"作用,使得抽油机的净扭矩波动较小。游梁后部的圆弧结构可以使游梁有较大的摆动角,抽油机可以获得较长冲程。双驴头抽油机的外形如图 1.7 所示。

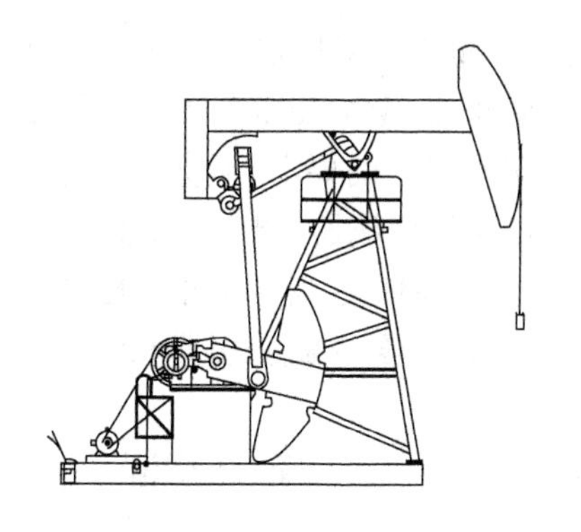

图 1.6 偏轮式抽油机

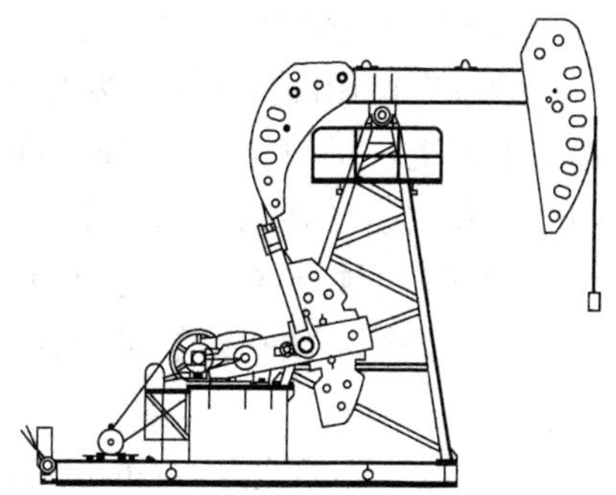

图 1.7 双驴头抽油机

1.1.2 变压器

变压器是利用电磁感应原理将某一等级的交流电压转变为多种等级但频率相同的交流电压的电器装置。

变压器被广泛应用于日常生活、工业生产、国防科技等各个领域。在电力远距离传输过程中,功率损耗是首先要考虑的问题,一般要求传输电压尽可能高,这是因为采用较低电压输送时,其输送电流就变得很大,这样在线路上就会产生很大的损耗,并在线路上产生很大的压降,从而极大地限制了输送距离。由于目前超高电压电动机难以实现,在实际应用中依靠变压器提升输入线电压进行超高电压输送,减小了线路的损耗和压降,输送距离大大提高。总的来说,输送的电压越高,输送的距离越远,输送的功率越高,所要求的输送电压也越高。因此,变压器的电压和容量等级成为目前电力输送效率的决定性因素。在石油开采过程中，发电厂用大型的升压变压器，将电能长距离输送到油田用电区域，用电区域通过各种容量和电压的变压器进行电能分配，供各类采油设备使用。由此可见，变压器在电力输送和电力分配上都扮演着重要角色[1]。

1.1.2.1 变压器的分类

为满足不同使用要求，适应不同工作环境，变压器可以有多种分类方式。

(1)按用途分类：可分为电力变压器和特种变压器两大类。石油生产领域中使用的变压器主要是电力变压器，电力变压器主要应用于输配电系统。特种变压器根据不同系统和部门的要求，提供各种特殊的电源和用途，例如电炉变压器、实验用高压变压器、调压变压器等。

(2)按相数分类：可分为单相变压器、三相变压器和多相变压器。

(3)按冷却条件分类：可分为油浸式变压器、干式变压器和气体变压器。

(4)按铁心形式分类：可分为卷铁心式变压器、壳式变压器、有心式变压器、立体铁心变压器。

(5)按绕组导线材料分类：可分为铜线变压器、铝线变压器、半铜线半铝线变压器和箔式绕组变压器。

(6)按容量分类：可分为小型变压器(容量≤630kV·A)、中型变压器(容量在800~6300kV·A)、大型变压器(容量在8000~63000kV·A，电压≤110kV)、特大型变压器(容量≥3150kV·A，电压≥220kV)。

1.1.2.2 电力变压器型号表示

根据JB/T 3837—2010《变压器类产品型号编制方法》的规定，变压器型号的编制应力求简明，尽可能避免混淆重复。产品型号应采用汉语拼音大写字母或其他合适的字母来表示产品的主要特征。型号字母后面可用阿拉伯数字、符号等来表示产品损耗水平代号、设计序号或规格号等。电力变压器型号表示方法如图1.8所示。

(1)电力变压器产品型号字母排列顺序及含义见表1.1。

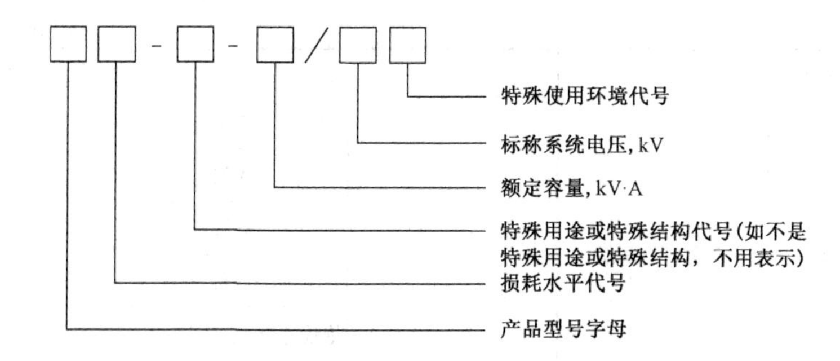

图 1.8　电力变压器型号表示方法

表 1.1　电力变压器产品型号字母排列顺序及含义

序号	分类	含义		代表字母
1	绕组耦合方式	独立		—
		自耦		O
2	相数	单相		D
		三相		S
3	绕组外绝缘介质	变压器油		—
		空气(干式)		G
		气体		Q
		成形固体	浇注式	C
			包绕式	CR
		高燃油点		R
		植物油		W
4	绝缘耐热等级	油浸式	A 级	—
			E 级	E
			B 级	B
			F 级	F
			H 级	H
			绝缘系统温度为 200℃	D
			绝缘系统温度为 220℃	C

续表

序号	分类	含义		代表字母
4	绝缘耐热等级	干式	E 级	E
			B 级	B
			F 级	—
			H 级	H
			绝缘系统温度为 200℃	D
			绝缘系统温度为 220℃	C
5	冷却装置种类	自然循环冷却装置		—
		风冷却装置		F
		水冷却装置		S
6	油循环方式	自然循环		—
		强迫循环		P
7	绕组数	双绕组		—
		三绕组		S
		分裂绕组		F
8	调压方式	无励磁调压		—
		有载调压		Z
9	线圈导线材料	铜线		—
		铜箔		B
		铝线		L
		铝箔		LB
		铜铝复合		TL
		电缆		DL
10	铁心材质	电工钢片		—
		非晶合金		H

续表

<table>
<tr><th>序号</th><th>分类</th><th colspan="2">含义</th><th>代表字母</th></tr>
<tr><td rowspan="17">11</td><td rowspan="17">特殊用途
或特殊结构</td><td colspan="2">密封式</td><td>M</td></tr>
<tr><td colspan="2">启动式</td><td>Q</td></tr>
<tr><td colspan="2">防雷保护式</td><td>B</td></tr>
<tr><td colspan="2">调容式</td><td>T</td></tr>
<tr><td colspan="2">电缆引出</td><td>L</td></tr>
<tr><td colspan="2">隔离用</td><td>G</td></tr>
<tr><td colspan="2">电容补偿用</td><td>RB</td></tr>
<tr><td colspan="2">油田动力照明用</td><td>Y</td></tr>
<tr><td colspan="2">发电厂和变电所用</td><td>CY</td></tr>
<tr><td colspan="2">全绝缘</td><td>J</td></tr>
<tr><td colspan="2">同步电动机励磁用</td><td>LC</td></tr>
<tr><td colspan="2">地下用</td><td>D</td></tr>
<tr><td colspan="2">风力发电用</td><td>F</td></tr>
<tr><td colspan="2">三相组合式</td><td>H</td></tr>
<tr><td colspan="2">解体运输</td><td>JT</td></tr>
<tr><td rowspan="2">卷(绕)铁心</td><td>一般结构</td><td>R</td></tr>
<tr><td>立体结构</td><td>RL</td></tr>
</table>

(2)变压器产品的损耗性能代号用阿拉伯数字来表示,表示变压器的空载损耗和负载损耗水平大小。由于采油系统所选用的电力变压器功率容量主要集中于30～160kV·A,配电电压主要为6～10kV,各大油田在生产活动中主要选择能耗等级为S9,S10,S11,S12,S13系列电力变压器。为了达到节能降耗和提高配电网络运行效能的目的,各油田也在逐步淘汰能耗等级较低的配电变压器。油田常见变压器的主要能耗指标见表1.2。

表 1.2　三相双绕组无励磁调压配电变压器损耗水平代号和能耗指标

<table>
<tr><th rowspan="2">额定容量
kV·A</th><th rowspan="2">高压等级
kV</th><th colspan="5">各能耗等级的空载损耗,kW</th><th colspan="5">各能耗等级的负载损耗,kW</th></tr>
<tr><th>S9</th><th>S10</th><th>S11</th><th>S12</th><th>S13</th><th>S9</th><th>S10</th><th>S11</th><th>S12</th><th>S13</th></tr>
<tr><td>30</td><td rowspan="7">6
10</td><td>0.13</td><td>0.11</td><td>0.10</td><td>0.09</td><td>0.08</td><td>0.60</td><td>0.60</td><td>0.60</td><td>0.60</td><td>0.60</td></tr>
<tr><td>50</td><td>0.17</td><td>0.15</td><td>0.13</td><td>0.12</td><td>0.10</td><td>0.87</td><td>0.87</td><td>0.87</td><td>0.87</td><td>0.87</td></tr>
<tr><td>63</td><td>0.20</td><td>0.18</td><td>0.15</td><td>0.13</td><td>0.11</td><td>1.04</td><td>1.04</td><td>1.04</td><td>1.04</td><td>1.04</td></tr>
<tr><td>80</td><td>0.25</td><td>0.20</td><td>0.18</td><td>0.15</td><td>0.13</td><td>1.25</td><td>1.25</td><td>1.25</td><td>1.25</td><td>1.25</td></tr>
<tr><td>100</td><td>0.29</td><td>0.23</td><td>0.20</td><td>0.17</td><td>0.15</td><td>1.50</td><td>1.50</td><td>1.50</td><td>1.50</td><td>1.50</td></tr>
<tr><td>125</td><td>0.34</td><td>0.27</td><td>0.24</td><td>0.20</td><td>0.17</td><td>1.80</td><td>1.80</td><td>1.80</td><td>1.80</td><td>1.80</td></tr>
<tr><td>160</td><td>0.40</td><td>0.31</td><td>0.28</td><td>0.24</td><td>0.20</td><td>2.20</td><td>2.20</td><td>2.20</td><td>2.20</td><td>2.20</td></tr>
</table>

注:(1)S9 型变压器能耗参数参考 GB/T 6451—2008《油浸式电力变压器技术参数和要求》。
(2)S10~S13 型变压器能耗参数参考 JB/T 3837—2010《变压器类产品型号编制方法》。
(3)负载损耗适用于 Yyn0 型连接组。

(3)特殊使用环境代号。

① 热带地区用代表符号的规定:热带地区为“TA”,湿热带地区为“TH”,干、湿热带地区通用为“T”。

② 高原地区用代表符号为“GY”。

③ 污秽地区用代表符号按表 1.3 的规定。

④ 防腐蚀地区用代表符号按表 1.4 的规定。

表 1.3　污秽地区用代表符号

污秽等级	代表符号
0(无)	—
Ⅰ(轻)	—
Ⅱ(中)	W1
Ⅲ(重)	W2
Ⅳ(严重)	W3

表 1.4　防腐蚀地区用代表符号

防护类型	户外型			户内型	
	防轻腐蚀	防中腐蚀	防强腐蚀	防中腐蚀	防强腐蚀
代表符号	W	WF1	WF2	F1	F2

当特殊使用环境代号占两项及以上时,字母排列按以上的排列顺序。例如:高原及Ⅱ级污秽地区用,表示为 GY W1;Ⅲ级污秽及湿热带地区用,表示为 TH W2。

1.1.2.3　电力变压器铭牌

铭牌用于标注变压器的额定数据和技术数据,通过查看铭牌数据就能对变压器性能有大致了解,是生产和维修人员进行生产和维修的主要依据。铭牌一般是由铜或铝制成的方形牌子,四脚通过铆钉钉在变压器上面,如图 1.9 所示。变压器容量越大,铭牌上的数据越多,而且电力变压器铭牌标注项目还应符合国家标准规定。变压器铭牌常见项目有:变压器型号、额定电压、额定电流、额定容量、空载损耗、负载损耗、空载电流、阻抗电压、温升、联结组别、变压器质量等。

(1)额定容量:指在额定条件下长期运行时输出功率的保证值,可以用额定电流和额定电压的乘积表示,单位是千伏安(kV · A)。

(2)额定电压:又称标称电压,是变压器在空载运行时的二次级开路电压,单位是千伏(kV)。

(3)额定电流:变压器在额定满负载时二次级输出的电流,称为额定电流。

(4)空载损耗:变压器在额定输入电压下,二次绕组空载时所产生的铁心损耗和绕组损耗,单位为瓦(W)或千瓦(kW)。

(5)负载损耗:将变压器二次绕组短路,在一次绕组前额定分接头处通入额定电流时,变压器一、二次绕组的绕组损耗和铁心损耗,单位为瓦(W)或千瓦(kW)。

(6)阻抗电压:将变压器二次绕组短路,在一次绕组中通入缓慢增加的电压,当二次绕组中的电流等于额定电流时,一次绕组的输入电压即为阻抗电压。

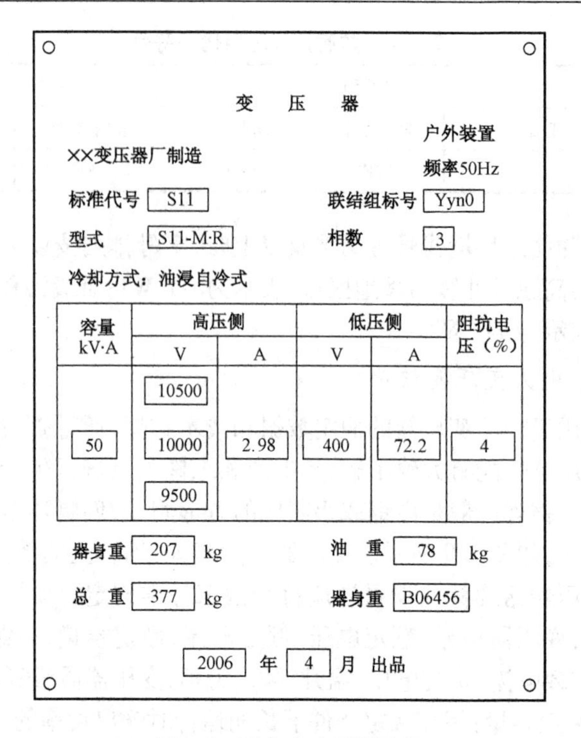

图 1.9 配电力变压器铭牌

(7)空载电流:将二次绕组开路,一次绕组输入额定电压时,一次绕组中所流过的电流即为空载电流。

(8)温升:指绕组或上层油面的温升,是变压器绕组或上层油面与变压器周围环境温度之差。除油浸式 A 级绝缘变压器以外,每台变压器铭牌上都规定了温升的限值。在 1000m 海拔以内时,绕组温升限值为 65℃;上层油面的温升限值为 55℃。因此,当环境最高温度为 40℃时,变压器运行的上层油面最高温度应不超过 95℃。为保证变压器正常寿命,上层油面温度不宜长期超过 85℃。

(9)质量(重量):小型电力变压器质量指的是整台完整变压器的质量,包括绕组、铁心及承载、夹紧的铁件和引线的绝缘夹件等部件的质量;另外,为了便于日常维护、保养,变压器内冷却油的质量也会单独标出,变压器油的质量称为油重。

1.1.3 配电箱

采用电动机驱动的游梁式抽油机往往会配备一个配电箱，用于安装一些必要的低压电器设备。抽油机的动力线路或者照明线路往往从配电箱引出，一般而言，专用于电动机配电与控制的配电箱又叫动力配电箱。

配电箱的外壳一般使用薄钢板冲压而成，外表喷涂不同颜色的防锈漆，柜内的配电盘要求布局合理、紧凑美观、便于维修。配电箱根据外观的不同可以分为箱式、柜式和台式等。在选用时，尽量使用定型产品，如果抽油机的动力系统有特殊需求，可以设计为非标准配电箱，将设计好的配电系统图纸和接线图送到专门的工厂进行加工定制。抽油机使用的配电箱往往需要安装在露天环境，因此需要对配电箱的绝缘、耐锈蚀、抗高低温性能提出更高要求。

配电箱的型号通常由汉语拼音字头组成，例如 X 代表配电箱，L 代表动力，M 代表照明，D 代表电度表等。XL 合在一起就是动力配电箱的意思。动力配电箱的型号表示如图 1.10 所示。

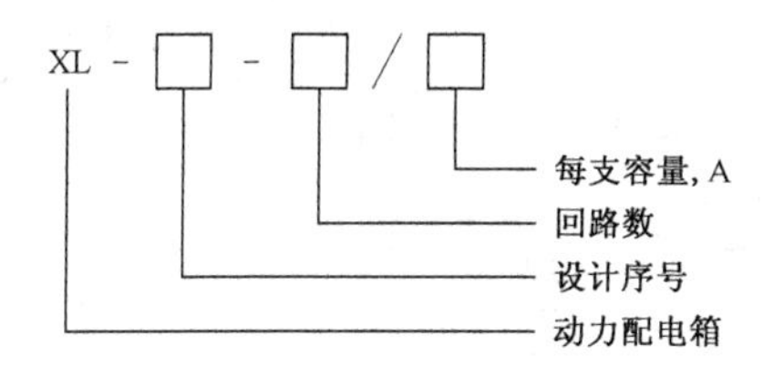

图 1.10 动力配电箱型号表示

例如：XL6 - 5/20 表示这个配电箱设计序号是 6，共有 5 个回路，每支容量为 20A。

游梁式抽油机用动力配电箱内所安装的设备根据抽油机型号和所用电动机参数的不同会有所不同。一般而言，配电箱中都会装备熔断器、交流接触器、电流互感器、电压表、电流表、过流过热雷击保护装置、指示灯等。某些高档的配电箱还会装备专用于驱动电动机的变频器、具备网络传输能力的数据采集装置及远程控制装置，从而实现抽油机的数字化远程管理功能。

1.1.4 电动机

电动机是一种机电能量转换的电磁机械装置。电动机作为原动机,把电能转换为机械能,用来驱动各种用途的生产机械和其他设备,以满足不同的需求,目前已广泛应用于各行各业,大至冶金企业使用的高达上万千瓦的电动机,小至小功率电动机乃至几瓦的微电动机。在油气田生产系统中,电动机作为主要耗能设备,对系统的正常运行发挥着举足轻重的作用[2]。

1.1.4.1 电动机的分类

电动机应用广泛,种类繁多,根据不同的划分方式,其分类也不尽相同。电动机的主要分类方式包括以下几种:

(1)按工作电源种类划分:主要包括直流电动机和交流电动机两大类,具体划分情况如图 1.11 所示。

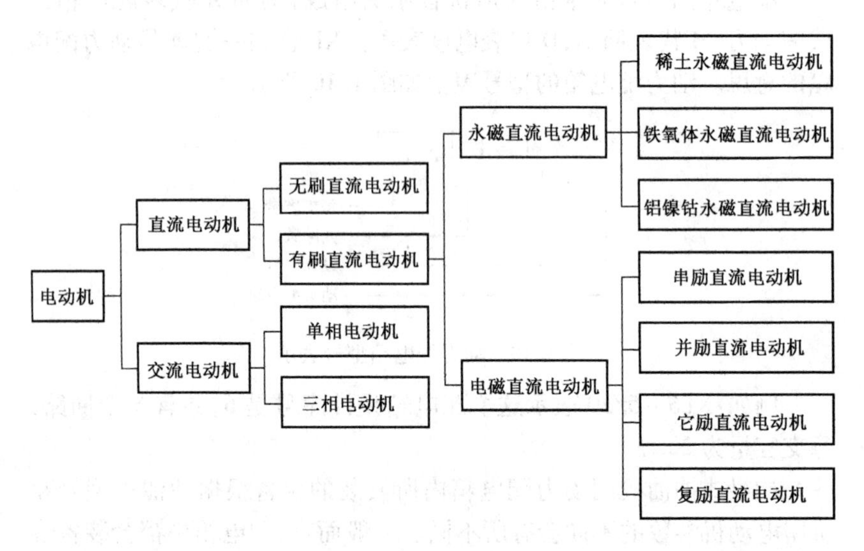

图 1.11 电动机按工作电源种类分类

(2)按结构和工作原理划分:主要包括直流电动机、异步电动机和同步电动机三大类,具体划分情况如图 1.12 所示。

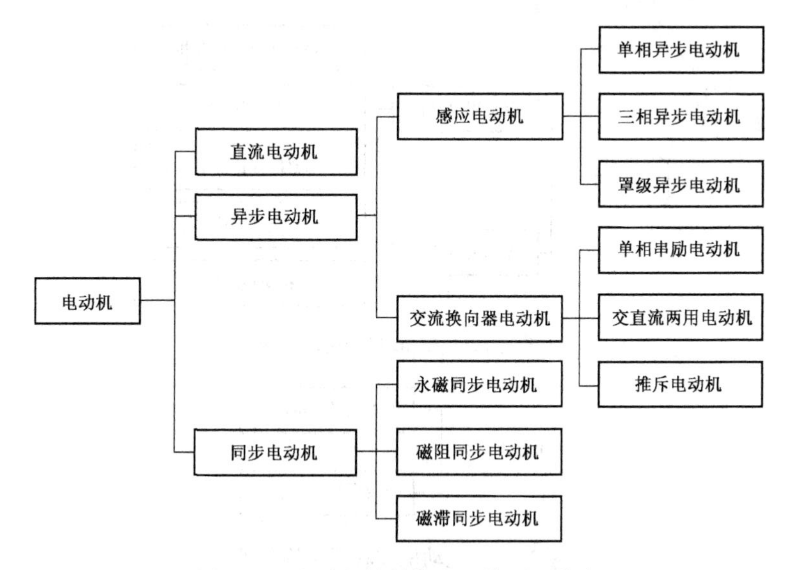

图 1.12　电动机按结构和工作原理分类

(3)按启动与运行方式划分：主要包括电容启动式、电容运转式、电容启动运转式和分相式四大类，划分情况如图 1.13 所示。

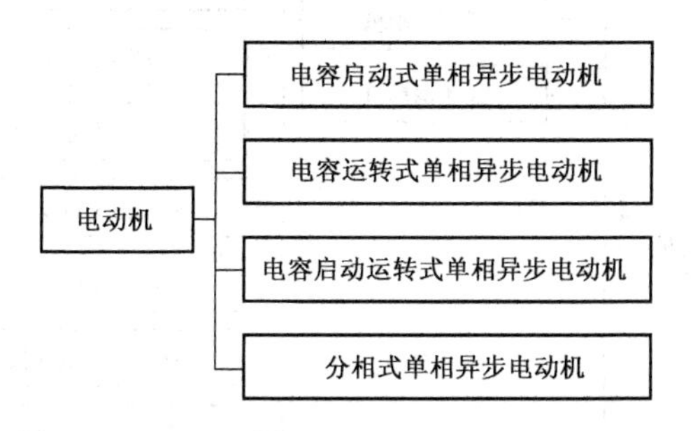

图 1.13　电动机按启动与运行方式分类

(4)按用途划分：主要包括驱动用电动机和控制用电动机两大类，具体划分情况如图 1.14 所示。

(5)按转子结构划分：主要包括鼠笼型和绕线型两大类，划分情况如图 1.15 所示。

(6)按运转速度划分：主要包括低速、高速、调速电动机三大类，具体划分情况如图 1.16 所示。

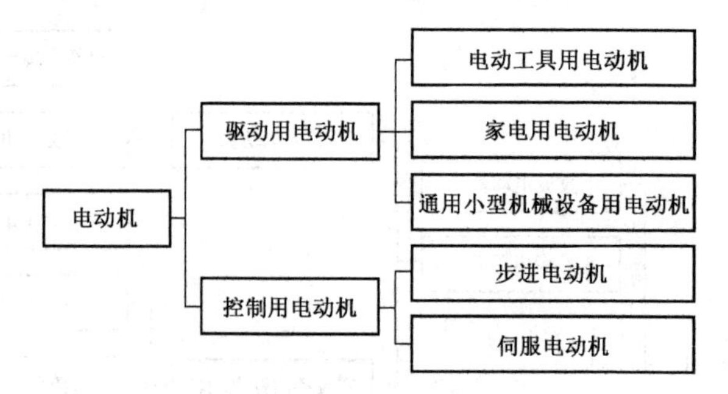

图 1.14　电动机按用途分类

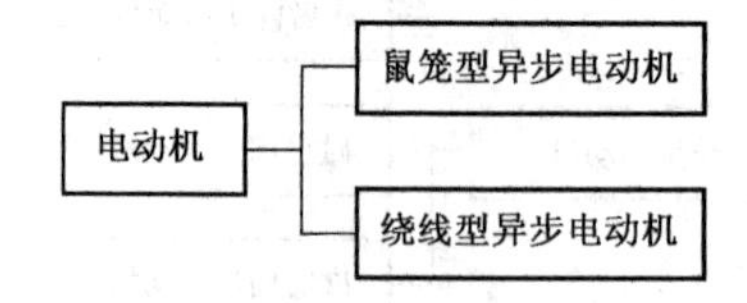

图 1.15　电动机按转子结构分类

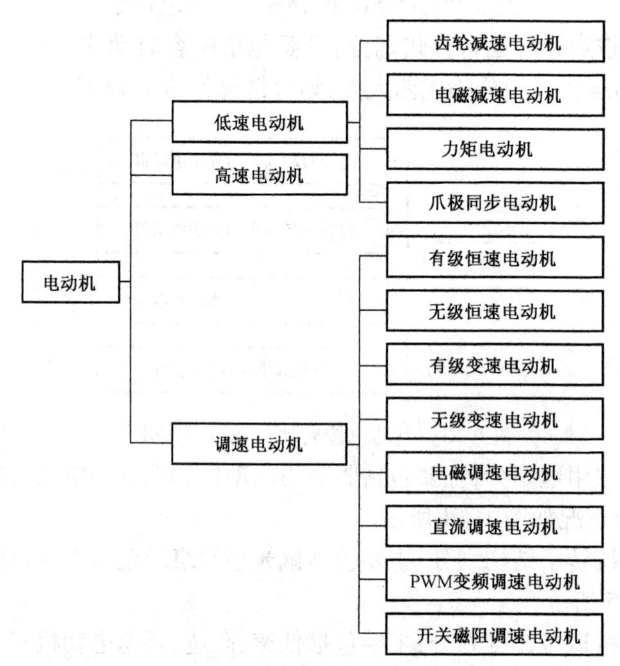

图 1.16　电动机按运转速度分类

1.1.4.2　电动机型号表示

电动机的产品型号由产品代号、规格代号、特殊环境代号及补充代号四部分组成，排列顺序如图1.17所示。

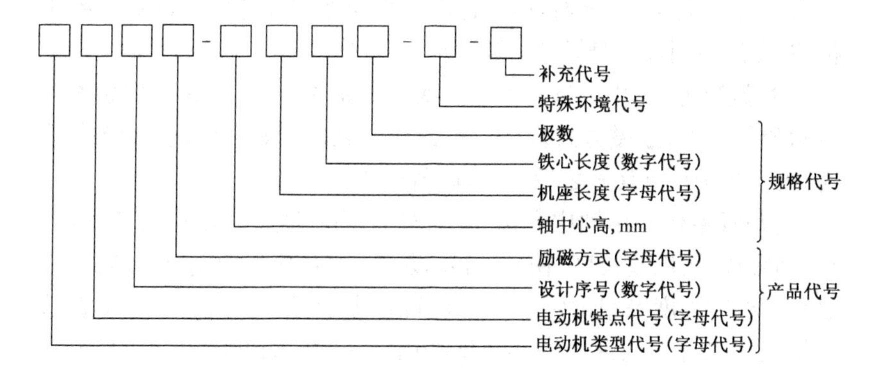

图1.17　电动机产品型号表示

(1)产品代号由电动机类型代号、电动机特点代号、设计序号和励磁方式代号四个小节按顺序组成。

① 电动机类型代号：我国的电动机类型代号采用汉语拼音字母来表示各种不同类型的电动机，见表1.5。

表1.5　电动类型代号

序号	电动机类型	代号
1	异步电动机(笼型及绕线转子)	Y
2	同步电动机	T
3	直流电动机	Z
4	测功机	C
5	交流换向器电动机	H
6	潜水电动机	Q
7	纺织用电动机	F

② 电动机特点代号：表示电动机的性能、结构或用途等，采用汉语拼音标注。对于防爆电动机，代表防爆类型的字母A(增安型)、B

(隔爆型)和ZY(正压型)应标于电动机的特点代号首位,即紧接在电动机类型代号后面标注。

③ 设计序号:指电动机产品设计的顺序,用阿拉伯数字表示。对于第一次设计的产品不标注设计序号,派生系列设计序号按基本系列标注,专用系列按本身设计的顺序标注。

④ 励磁方式:用字母S表示3次谐波励磁、J表示晶闸管励磁、X表示相复励磁,励磁方式标注于设计序号之后,当不必标注设计序号时,则标注于特点代号之后,并用短划分开。

(2)规格代号用轴中心高、铁心外径、机座号、机壳外径、轴伸直径、凸缘代号、机座长度、铁心长度、功率、电流等级、转速或极数等来表示。机座长度采用国际通用字母符号表示,S表示短机座,M表示中机座,L表示长机座。铁心长度按由短至长,依次用数字1,2,…表示。极数用阿拉伯数字表示。

(3)特殊环境代号见表1.6。

表1.6 电动机的特殊环境代号

特殊环境	高原用	船(海)用	户外用	化工防腐用	热带用	湿热带用	干热带用
代号	G	H	W	F	T	TH	TA

例如:Y2-160M2-2WF表示异步电动机,第二次设计,中心高为160mm,中等长度机座,2号铁心长度,2极,可在户外并有腐蚀性气体的工作环境中使用。

1.1.4.3 电动机铭牌

每台电动机的外壳上都应有一块铭牌,它就像我们的身份一样重要,铭牌上标出了这台电动机的额定值及其他必要事项。铭牌是我们认识、了解和正确使用及维修电动机的重要依据[3]。铭牌的外形及内容如图1.18所示。

(1)型号:Y系列国产三相异步电动机型号是按国际电工委员会ICE标准设计生产的新系列三相电动机,它是以电动机中心高为依据编制型号的。

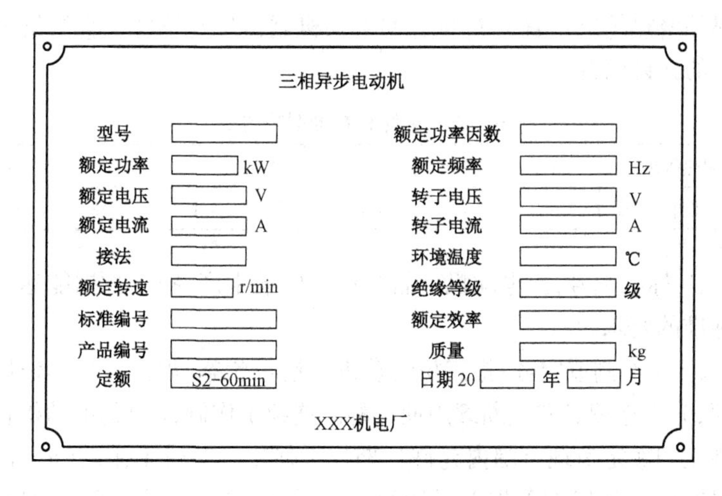

图 1.18 三相异步电动机铭牌

(2)额定工作参数:

① 额定功率:指电动机在铭牌规定的条件下正常工作时,转轴上有效的机械功率,单位为瓦(W)或千瓦(kW)。

② 额定电压:指电动机在额定工作状况下工作时,定子线端输入的线电压。如果铭牌上标有两个电压数据,如 220V/380V,表示电动机定子绕组在两种不同连接时的线电压。

③ 额定电流:指电动机在额定工作状态下运行时定子线端输入的电流。如果铭牌上有两个电流数据,表示定子绕组在两种不同连接时的输入电流。

④ 额定频率:指输入交流电(即电网)的频率,我国规定标准电源频率为 50Hz。

⑤ 额定转速:指电动机在额定输出时,转子每分钟的转速。

⑥ 额定功率因数:指在额定工作状态下运行时,定子相电压与相电流之间的相位差。

⑦ 额定效率:表示电动机在额定工作状态下运行时的效率。

⑧ 绝缘等级:表示电动机在额定工作状态下运行时,绕组允许的温度升高值。允许温升的高低取决于电动机使用的绝缘材料。绝缘

材料的耐热等级见表1.7,也有些电动机制造厂在铭牌上直接给出电动机的允许温升。

表1.7 绝缘材料的耐热等级

耐热等级	Y	A	E	B	F	H	C
最高工作温,℃	90	105	120	130	155	180	>180

⑨ 标准编号:指电动机产品按这个标准生产,技术数据能达到这个标准的要求。

⑩ 工作制或定额:指三相电动机的运行状态,即允许连续使用的时间,分为连续、短时、断续周期三种。连续工作制(S1)的电动机在铭牌规定的额定负载范围内允许长期连续使用。短时工作制(S2)的电动机在铭牌规定的条件下,只能在规定的时间内短时运行,短时运行的持续时间标准有四种:10min,30min,60min及90min,达到规定的时间后必须停机,待三相电动机完全冷却后才可以开机运行。断续周期工作制(S3)的电动机在铭牌规定的额定值下只能断续周期性使用,断续运行常以负载持续率百分数表示,标准负载持续率分为四种:15%,25%,40%,60%,每周期为10min。

⑪ 连接:指三相电动机定子绕组的六根引出线头的接线方法,即接成Y还是△。接线时必须注意电动机电压、电流、连接三者之间的关系。如铭牌中标有电压220V/380V,电流14.7A/8.49A,连接为△/Y,这说明电源线电压不同,应采用不同的接线方法。当电源电压为220V时,电动机应该接成△;当电源电压为380V时,就取Y连接。

1.1.4.4 抽油机常用电动机能耗参数

电动机是游梁式抽油机的动力来源,同时也是原油开采过程中的耗能大户。抽油机上使用得最多的是Y系列异步电动机,电动机的装机容量一般控制在15~30kW的范围内。为了提高抽油机运行效能和配合一些特种抽油机,永磁型电动机、变级多速电动机和高转差电动机也有小规模的应用。表1.8至表1.11给出了抽油机常用电动机的主要能耗参数。

表 1.8 Y 系列异步电动机主要能耗参数

系列	额定功率 kW	转速,r/min					转速,r/min				
		3000	1500	1000	750	600	3000	1500	1000	750	600
		效率,%					功率因数 $\cos\varphi$				
Y	15	89.4	89.4	89.0	88.0	—	0.88	0.85	0.81	0.76	—
	18.5	90.0	90.0	90.0	89.5	—	0.89	0.86	0.83	0.76	—
	22	90.5	90.5	90.0	90.0	—	0.89	0.86	0.83	0.78	—
	30	91.4	91.4	91.5	90.5	—	0.89	0.87	0.85	0.80	—
	37	92.0	92.0	92.0	91.0	—	0.89	0.87	0.86	0.79	—
	45	92.5	92.5	92.5	91.7	91.5	0.89	0.88	0.87	0.80	0.74
	55	93.0	93.0	92.8	92.0	92.0	0.89	0.88	0.87	0.80	0.74
	75	93.6	93.6	93.5	92.5	92.5	0.89	0.88	0.87	0.81	0.75
Y2 Y3	15	89.4	89.4	89.0	88.0	—	0.89	0.85	0.81	0.76	—
	18.5	90.0	90.0	90.0	90.0	—	0.90	0.86	0.81	0.76	—
	22	90.5	90.5	90.0	90.5	—	0.90	0.86	0.83	0.78	—
	30	91.4	91.4	91.5	91.0	—	0.90	0.86	0.84	0.79	—
	37	92.0	92.0	92.0	91.5	—	0.90	0.87	0.86	0.79	—
	45	92.5	92.5	92.5	92.0	91.5	0.90	0.87	0.86	0.79	0.75
	55	93.0	93.0	92.8	92.8	92.0	0.90	0.87	0.86	0.81	0.75
	75	93.6	93.6	93.5	93.0(Y2) 93.5(Y3)	92.5	0.90	0.87	0.86	0.81	0.76

注:(1)Y 系列电动机参照 JB/T 10391—2008《Y 系列(IP44)三相异步电动机 技术条件(机座号 80 ~ 355)》。

(2)Y2 系列电动机参照 JB/T 8680—2008《Y2 系列(IP54)三相异步电动机 技术条件(机座号 63 ~ 355)》。

(3)Y3 系列电动机参照 JB/T 10447—2004《Y3 系列(IP55)三相异步电动机 技术条件(机座号 63 ~ 355)》。

表 1.9　超高效三相永磁同步电动机主要能耗参数

功率,kW		15	18.5	22	30	37	45	55
效率 %	750r/min	91.5	92.2	92.5	92.9	93.6	94.0	—
	1000r/min	91.5	92.2	92.5	92.9	93.6	94.0	94.5
功率因数 cosφ		≥0.94						

注:超高效三相永磁同步电动机参照 GB/T 27744—2011《超高效三相永磁同步电动机　技术条件(机座号 132～280)》。

表 1.10　变极多速三相异步电动机主要能耗参数

机座号	同步转速,r/min					
	1500/3000	1000/1500	750/1500	750/1000	500/1000	750/1000/1500
	功率,kW					
180M	15/18.5	11/14	—	7.5/10	—	—
180L	18.5/22	13/16	11/17	9/12	5.5/10	7/9/12
200L1	26/23	18.5/22	14/22	12/17	7.5/13	10/13/17
200L2	26/23	18.5/22	17/26	15/20	9/15	10/13/17
225S	32/37	22/28	—	—	—	14/18.5/24
225M	37/45	26/32	24/34	—	12/20	17/22/28

机座号	同步转速,r/min					
	1500/3000	1000/1500	750/1500	750/1000	500/1000	750/1000/1500
	功率因数 cosφ					
180M	0.87/0.90	0.76/0.85	—	0.62/0.73	—	—
180L	0.88/0.91	0.78/0.85	0.72/0.91	0.65/0.75	0.54/0.86	0.65/0.80/0.90
200L1	0.89/0.92	0.78/0.86	0.74/0.92	0.65/0.76	0.56/0.86	0.72/0.81/0.90
200L2	0.89/0.92	0.78/0.86	0.74/0.92	0.65/0.76	0.57/0.87	0.72/0.81/0.90
225S	0.89/0.92	0.86/0.87	—	—	—	0.70/0.81/0.90
225M	0.89/0.92	0.86/0.90	0.77/0.88	—	0.61/0.87	0.70/0.85/0.90

续表

机座号	同步转速,r/min					
	1500/3000	1000/1500	750/1500	750/1000	500/1000	750/1000/1500
	效率,%					
180M	89/85	85/84	—	84/86	—	—
180L	89/86	86/85	87/88	85/86	79/86	81/83/84
200L1	89/85	87/86.5	87/88	86/87	83/87	85/86/86
200L2	89/85	87/86.5	87/88	87/88	83/87	85/86/86
225S	90/86	88/86.5	—	—	—	86/87/87
225M	91/86	88/85.5	89/88	—	85/88	87/87/87

注:变极多速三相异步电动机参照 JB/T 7127—2010《YD 系列(IP44)变极多速三相异步电动机　技术条件(机座号 80～280)》。

表 1.11　高转差率三相异步电动机主要能耗参数

功率 kW	同步转速,r/min											
	3000	1500	1000	750	3000	1500	1000	750	3000	1500	1000	750
	转差率,%				效率,%				功率因数 cosφ			
15	8	8	9	9	82	82	82	77.5	0.91	0.86	0.83	0.80
18.5	8	8	8	9	82.5	82	82	80	0.91	0.89	0.86	0.78
22	—	8	8	9	—	83	82.5	81	—	0.89	0.87	0.80
30	—	8	8	8	—	84	83	81.5	—	0.89	0.87	0.83
37	—	7	7	8	—	84	84	82	—	0.90	0.89	0.81
45	—	7	7	8	—	84.5	84.5	82.5	—	0.91	0.89	0.83
55	—	7	7	—	—	86	85	—	—	0.90	0.89	—
75	—	7	—	—	—	86	—	—	—	0.92	—	—

注:高转差率三相异步电动机参照 JB/T 6449—1992《YH 系列(IP44)高转差率三相异步电动机　技术条件(机座号 80～280)》。

1.1.4.5　三相异步电动机的工作特性

要准确掌握异步电动机在运转时的能耗和运行效率,对异步电动机工作特性的分析是必不可少的。在额定工作电压和频率下,电动机的运行参数和输出功率 P_2 呈现出一定的对应关系，这种关系就是异步电动机的工作特性[4]。这些参数包含电动机的转速 n、电磁转矩 T_{em}、功率因数 $\cos\varphi$、定子电流 I_1、效率 η。

(1)转速特性：电动机输出功率 P_2 与转速 n 的关系曲线称为三相异步电动机的转速特性。

三相异步电动机空载时，转子转速 n 约等于同步速 n_1，随着负载的增加，电动机输出功率 P_2 也随之增大，转子转速呈现缓慢下降的趋势，此时电动机的转差 s 增大。

(2)定子电流特性：电动机输出功率 P_2 与定子电流 I_2 的关系曲线称为三相异步电动机的定子电流特性。

电动机空载时，定子电流约等于励磁电流。随着负载的增加，转速下降，转子电流增大，定子电流也随之增大。

(3)功率因数特性：电动机输出功率 P_2 与定子功率因数 $\cos\varphi_1$ 的关系曲线称为三相异步电动机的功率因数特性。

三相异步电动机属于感性负载，其工作时的功率因数永远小于1。空载时，电动机的功率因数很低，一般不超过0.2。当负载逐渐增大后，定子电流中的有功电流增加，功率因数慢慢提高。额定负载时，$\cos\varphi_1$ 最高。如果负载进一步增大，$\cos\varphi_1$ 将开始减小。对于小型异步电动机，额定功率因数约在0.76~0.90的范围内，因此电动机长期处于轻载或空载运行，是很不经济的。

(4)转矩特性：电动机输出功率 P_2 与电磁转矩 T 的关系曲线称为三相异步电动机的转矩特性。

因负载转矩 $T_2 = P_2/n$，考虑到异步电动机从空载到满载，转矩 n 变化不大，可以认为 T_2 与 P_2 成正比，所以 $T_2 = f(P_2)$ 近似于一条直线。而 $T = T_2 + T_0$，因 T_0 近似不变，所以 $T = f(P_2)$ 也近似于一条直线，且斜率为 $1/n$。

(5)效率特性：电动机输出功率 P_2 与效率 η 的关系曲线称为三相异步电动机的效率特性。

对于中小型异步电动机，输出功率在额定功率的3/4时，电动机的工作效率最高。一般,在相同负载率下,电动机功率容量越大,运行效率就越高。

由于三相异步电动机在额定功率附近其效率与功率因数都最高,因此选用电动机时,应使电动机容量与负载相匹配。如果电动机容量比负载大得多,不仅增加了购买电动机本身的费用,而且运行时的效率及功率因数都降低。反之,如果负载超过电动机容量,则电动机运行时,其温升要超过允许值,影响寿命甚至损坏电动机。

三相异步电动机特性曲线如图1.19所示。

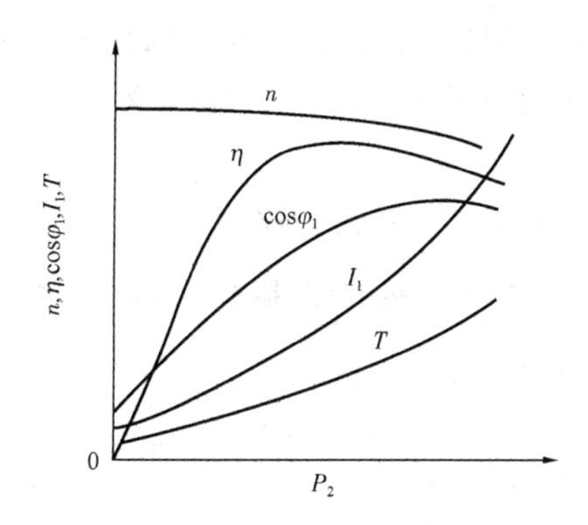

图1.19　三相异步电动机工作特性曲线

1.1.5　减速器

游梁式抽油机"四连杆"机构的运行往往需要一个低转速、高扭矩的动力源,因此游梁式抽油机在电动机和"四连杆"机构间会增加一个减速机构用于匹配动力的传递。实现这种匹配功能的装置就是减速器。

减速器是一种较为精密的机械装置,它可以降低机械传动过程中的转速,增加输出转矩。减速器种类繁多,型号各异。按照齿轮形状可分为圆柱齿轮减速器、圆锥齿轮减速器和圆锥—圆柱齿轮减速器等;按照传动级数不同可分为单级和多级减速器;按照传动类型可分为齿轮减速器、蜗杆减速器和行星齿轮减速器。

根据 Q/SY CQ 3455—2012《抽油机减速器技术规范》,抽油机用减速器的型号表示如图 1.20 所示。

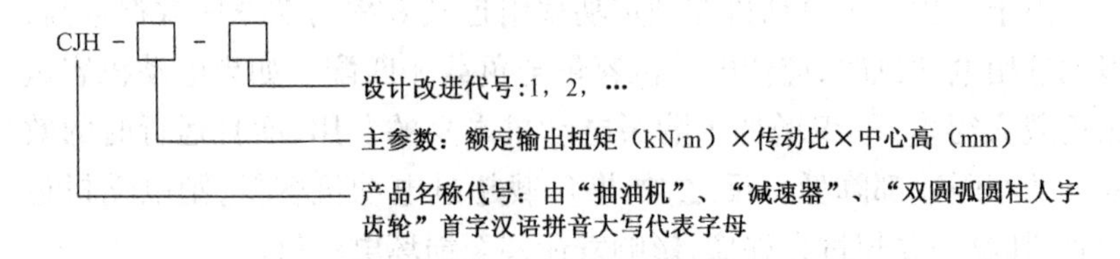

图 1.20　抽油机用减速器的型号表示

例如:额定输出扭矩为 37kN · m,传动比为 45.8,中心高为 560mm 的抽油机用双圆弧圆柱人字齿轮减速器,其型号标记为 CJH - 37 ×45.8 ×560。

减速器基本参数与尺寸见表 1.12。

表 1.12　抽油机用减速器基本参数与尺寸表

型号	中心距,mm		额定扭矩 kN · m	传动比	中心高 mm	法向模数		输出轴最低转速 r/min	传动方式
	高速级	低速级				高速级	低速级		
CJH -9 ×43.6 ×420	250	400	9	43.6	420	3	4.5	1	两级分流式人字齿轮减速
CJH -13 ×43.6 ×420	250	400	13	43.6	420	3	4.5		
CJH -18 ×41.4 ×450	250	400	18	41.4	450	3	5		
CJH -26 ×44.4 ×480	300	450	26	44.4	480	3.5	6		
CJH -37 ×45.8 ×560	350	500	37	45.8	560	4	7		
CJH -48 ×42.8 ×590	370	580	48	42.8	590	5	5		

1.1.6　抽油杆柱

1.1.6.1　光杆

光杆是用来连接驴头悬绳器与井下抽油杆,并与井口密封盒配合密封油井井口的一种部件。光杆分为普通型和一端镦粗型两种。普通型光杆的两端均为光杆外螺纹,两端无镦粗头。其特点是两端可互换,当一端磨损严重后,可上下颠倒继续使用,能充分利用整个杆体。一端镦粗型光杆是在光杆的一端镦粗并加工出抽油杆外螺纹,而另一端未镦粗并加工有光杆螺纹,杆体直径小于镦头直径。其特点是镦粗端螺纹连接性能更好,但两端不可互换。因此,针对不同的井况在保证抽油机运行安全的基础上以投入更低选择光杆。

光杆上的功率损耗较小,主要是与密封盒产生的摩擦损耗。其中,密封盒的功率损失只与光杆运行速度有关,并且呈线性关系,因此调低抽油机冲速可减少光杆功率损耗。

1.1.6.2　抽油杆

抽油杆是连接抽油机和抽油泵的传动装置,抽油机通过抽油杆把地面动力传递给井下泵。抽油杆可分为:普通钢制抽油杆、空心抽油杆、纤维增强塑料抽油杆、钢丝绳连续抽油杆。

普通钢制抽油杆是一种油田生产活动中使用最为广泛的抽油杆,根据其抗拉强度的不同,分为 C,K,D,KD,HL,HY 等不同等级,抗拉强度等级越高,抽油杆的抗拉强度越强。

空心抽油杆是一种应用于高黏、高凝原油开采的新型采油设备。它采用无缝钢管和空心接头通过摩擦焊焊接而成。空心抽油杆由于内部为空心结构,因此可以安装加热装置,从而用于热载体采油工艺。另外还可通过中心孔道注入高热介质、化学降黏剂等,来较大范围地满足不同采油工艺的要求。通过空心抽油杆的中空结构,还可以在不停机的状态下进行洗井作业,大大提高生产效率,简化生产操作。

纤维增强塑料抽油杆采用树脂和玻璃纤维按一定比例,通过专门的拉挤和固化工艺制作而成。它由玻璃钢杆体和两端带螺纹的钢接头用高黏度环氧树脂黏合剂黏结而成。纤维增强塑料抽油杆同普通钢制抽油杆相比有诸多优点:质量轻,仅为钢抽油杆的 1/3;弹性好,其弹性模量仅为钢质抽油杆的 1/4;抗腐蚀能力强;强度高,达到 D 级钢杆的抗拉强度;防蜡效果好,可减少热洗次数,降低采油成本。但玻璃钢抽油杆也有其缺点,就是抗压、抗扭性能差。

钢丝绳连续抽油杆采用密封钢丝结构,采用中、高碳低合金冷拔丝捻制,线材经高温索氏处理。这种钢丝绳具有良好的冷加工性能和力学性能,再经过冷拔工艺处理,达到充分硬化,其抗拉强度大于1470MPa,同时具有良好的塑性和韧性。钢丝绳连续抽油杆具有诸多优点:无接箍,没有上、下行的活塞效应;摩擦阻力小,降低能耗;有利于修井作业,减少作业时间;减少抽油杆柱断脱事故,提高抽油时率;超行程量大,有利于提高产液量[5]。

1.1.6.3 抽油杆柱的型号与规格尺寸

光杆的型号表示如图 1.21 所示,API 光杆一般尺寸规格见表 1.13,一端镦粗型光杆一般尺寸规格见表 1.14。

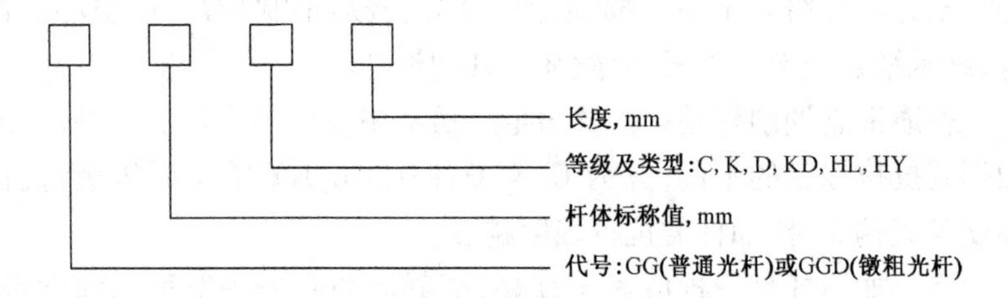

图 1.21 光杆型号表示

表 1.13 API 光杆一般尺寸规格 mm

标称值	标称直径	长度	螺纹名义直径	外螺纹台肩外径	匹配的抽油杆尺寸
29	28.6	2438,3353,4877,6707,7315,7925	24PR	—	16
			27PR	—	19
29	28.6(镦粗)	2438,3353,4877,6707,7315,7925	24SR	31.8	16
			27SR	38.1	19
32	31.8	3353,4877,6707,7315,7925,9144,10973	30PR	—	22
32	31.8(镦粗)	3353,4877,6707,7315,7925,9144,10973	30SR	41.3	22

续表

标称值	标称直径	长度	螺纹名义直径	外螺纹台肩外径	匹配的抽油杆尺寸
38	38.1	4877,6707,7315,7925,9144,10973	35PR	—	25
38	38.1(镦粗)	4877,6707,7315,7925,9144,10973	40SR	57.2	29

注:(1)PR—光杆外螺纹,SR—抽油杆外螺纹。
(2)API光杆一般尺寸规格参照SY/T 5029—2006《抽油杆》。

表1.14　一端镦粗型光杆一般尺寸规格　mm

标称值	杆体直径	未镦粗端螺纹名义直径	镦粗端部螺纹标称值	匹配的抽油杆尺寸
25	25.40	24SR	30SR	22
29	28.60	27SR	35SR	25
32	31.80	30SR	40SR	29

注:(1)光杆的长度系列:4500mm,6000mm,8000mm,10000mm,12000mm。
(2)一端镦粗型光杆一般尺寸规格参照SY/T 5029—2006《抽油杆》。

除了普通光杆之外,还有一种与空心抽油杆配套使用的空心光杆,其型号表示如图1.22所示。空心光杆规格和一般尺寸见表1.15。

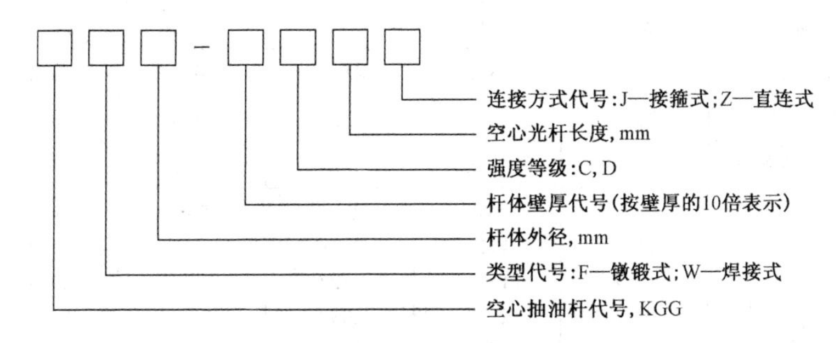

图1.22　空心光杆型号表示

表 1.15　空心光杆的规格和一般尺寸　mm

规格	杆体外径	杆体壁厚	空心光杆长度	适用空心抽油杆规格
KGG36	36	6.0	7000,8000,9000, 10000,11000	KG32,KG34,KG36
KGG38	38	6.0		KG36,KG38
KGG42	42	6.0		KG40,KG42

根据 SY/T 5029—2006《抽油杆》的规定,钢制抽油杆型号表示如图 1.23 所示,一般尺寸见表 1.16。

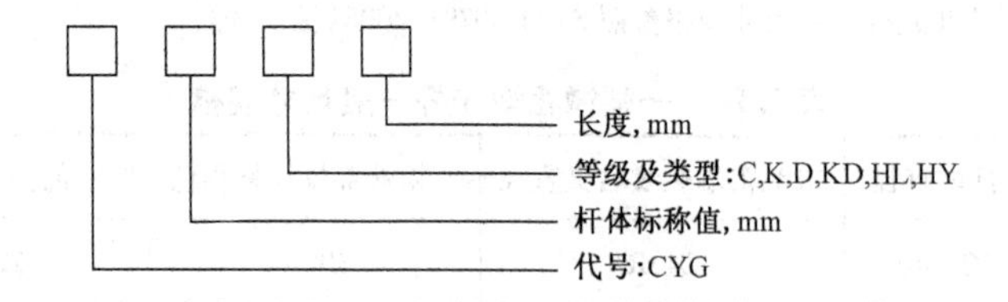

图 1.23　钢制抽油杆型号表示

表 1.16　钢制抽油杆一般尺寸　mm

抽油杆标称值	16	19	22	25	29
API 名义长度	7620 9140	7620 9140	7620 9140	7620 9140	7620 9140
国内名义长度	8000 10000	8000 10000	8000 10000	8000 10000	8000 10000
杆体直径	15.88	19.05	22.23	25.40	28.58
外螺纹台肩外径	31.8	38.1	41.3	50.8	57.2
扳手方宽度	22.2	25.4	25.4	33.3	38.1
扳手方长度	31.8	31.8	31.8	38.1	41.3
API 抽油杆长度	508 1118 1727 2337 2946 7518 9042	508 1118 1727 2337 2946 7518 9042	508 1118 1727 2337 2946 7518 9042	508 1118 1727 2337 2946 7518 9042	508 1118 1727 2337 2946 7518 9042

续表

抽油杆标称值	16	19	22	25	29
国内抽油杆长度	900,1400,1900,2400,2900,3400,7900,9900	900,1400,1900,2400,2900,3400,7900,9900	900,1400,1900,2400,2900,3400,7900,9900	900,1400,1900,2400,2900,3400,7900,9900	900,1400,1900,2400,2900,3400,7900,9900
镦粗凸缘直径	31.1	35.7	38.1	48.4	55.6

注:钢制抽油杆一般尺寸参照 SY/T 5029—2006《抽油杆》。

空心抽油杆的型号表示如图 1.24 所示,一般尺寸见表 1.17。

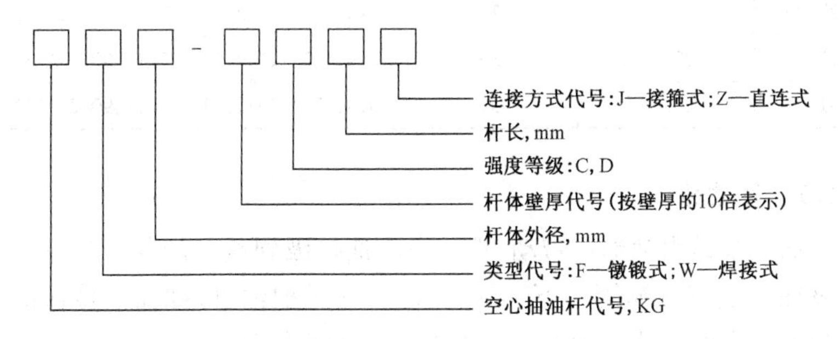

图 1.24 空心抽油杆型号表示

表 1.17 空心抽油杆一般尺寸 mm

规格	KG32	KG34	KG36	KG38	KG40	KG42
杆体外径	32	34	36	38	40	42
杆体壁厚	5.0	5.5	5.5,6.0	6.0	6.0	6.0
空心抽油杆长度	7000,7500,8000,8500,9000,9500,10000					
空心抽油杆短节长度	1000,1500,2000,3000					

注:空心抽油杆的一般尺寸参照 SY/T 5550—2006《空心抽油杆》。

纤维增强塑料抽油杆型号表示如图 1.25 所示,一般尺寸见表 1.18。

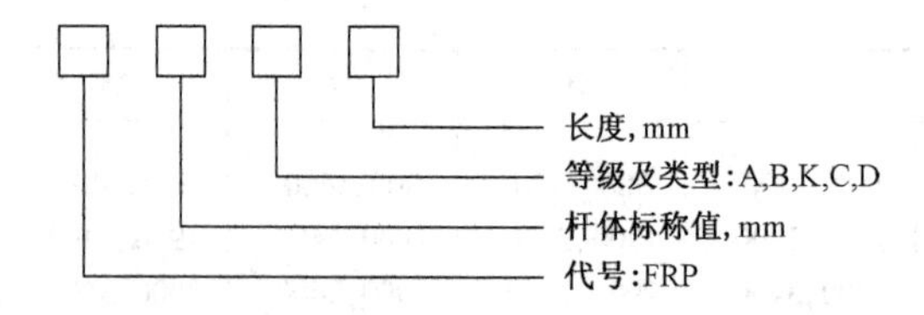

图 1.25　纤维增强塑料抽油杆型号表示

表 1.18　纤维增强塑料抽油杆一般尺寸　　mm

杆体直径	外螺纹接头规格	外螺纹名义直径	两端均为外螺纹的抽油杆长度
19.05	15.88	24	813,1727,2642,5385,7518,9042,11328
22.23	19.05	27	813,1727,2642,5385,7518,9042,11328
25.40	22.23	30	813,1727,2642,5385,7518,9042,11328
31.75	25.40	35	813,1727,2642,5385,7518,9042,11328

1.1.7　抽油泵

抽油泵是由抽油机带动,把井内原油抽汲到地面的井下装置。抽油泵往往安装在油管柱下部的井液中,通过抽油机、抽油杆传递的动力抽汲井内的液体。抽油泵的工作环境十分复杂,在几百米甚至几千米的井下工作,泵内的压力非常高,可达20MPa以上,它抽汲的原油中常含有具有腐蚀性的物质,所以对泵的环境耐受性要求较高。抽油泵具有如下特点:结构简单,机械强度高,工作可靠,使用寿命长,便于从油井中取出和放回,规格类型能满足不同油田的采油工艺需要。按照抽油泵在井下的固定方式,可将抽油泵分为管式泵和杆式泵两大类。

1.1.7.1　泵的工作原理

抽油泵主要由四部分构成:泵筒、柱塞、固定阀和游动阀。泵筒在泵的最外层,柱塞、固定阀和游动阀都装在泵筒内。泵的工作原理如图1.26所示,带有游动阀的柱塞与泵筒形成密封,游动阀固定在柱塞上面,跟随柱塞的运动而运动,从而使液体从泵筒内排出和吸入。固定阀在抽油过程中位置固定,是泵的吸入阀,一般为球座型单流阀。柱塞向上运动称为上冲程,完成泵进液过程;向下运动称为下冲程,完成泵排液过程。上冲程和下冲程合称为一个冲程,也叫一个抽汲周期。

(1)上冲程是泵内吸入液体,井口排出液体的过程。它的工作条件是泵内压力低于沉没压力,沉没压力也就是固定阀在油套环空液柱内的压力。在上冲程过程中,柱塞上的游动阀关闭,抽油杆柱向上拉动柱塞,此时,柱塞下面的容积增大,压力降低,沉没压力与泵内压力之差使固定阀打开,原油通过固定阀流入泵内。当油管慢慢被液体充满后,柱塞向上移动并通过油管将液体排出地面,以此获得液体。上冲程工作如图1.26(a)所示。

(2)下冲程是泵向油管内排液的过程。它的工作条件是泵内压力高于柱塞以上的液柱压力。在下冲程过程中,固定阀一开始是关闭的,当抽油杆柱向下推动柱塞,固定阀和游动阀之间的液体受到挤压,泵内压力增高,当泵内压力大于柱塞以上液体压力时,游动阀被顶开,柱塞与固定阀之间的液体通过游动阀进入到柱塞上面,继续向下推动柱塞,使泵筒内的液体被全部排出。下冲程工作如图1.26(b)所示。

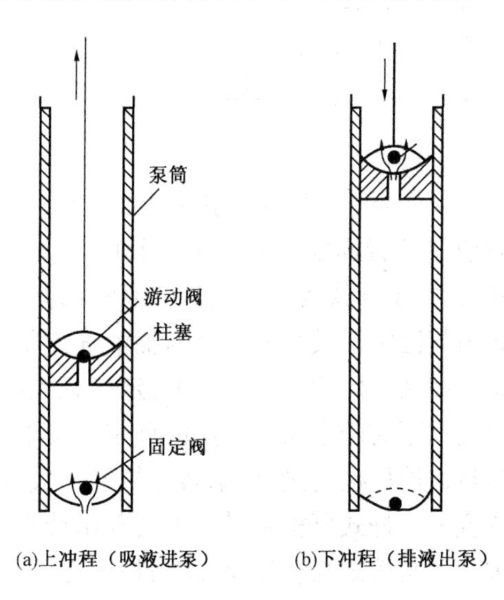

图1.26　泵的工作原理

1.1.7.2 抽油泵类型和结构

抽油泵按其在油管中的固定方式可分为杆式泵和管式泵两大类。按其应用又可分为常规泵和专用泵。常规泵是指符合抽油泵标准设计和制造的抽油泵;专用泵是指与标准结构不同,具有专门用途的抽油泵,如稠油泵、防气泵、防砂卡泵等。GB/T 18607—2008《抽油泵及其组件规范》规定的抽油泵基本类型及其字母代号见表 1.19。

表 1.19 抽油泵代号

泵类型	字母代号			
	金属柱塞泵		软密封柱塞泵	
	厚壁泵筒	薄壁泵筒	厚壁泵筒	薄壁泵筒
定筒式杆式泵,顶部固定	RHA	RWA	—	—
定筒式杆式泵,底部固定	RHB	RWB	—	—
定筒式杆式泵,底部固定(薄壁型螺纹构型)	RXB	—	—	—
动筒式杆式泵,底部固定	—	RWT	—	RST
管式泵	TH		—	—

(1)杆式泵。

杆式泵又称为插入泵,是将整个泵在地面组装成套后,随抽油杆柱插入油管内的预定位置固定。杆式泵按其固定方式不同又分为定筒式顶部固定杆式泵、定筒式底部固定杆式泵和动筒式底部固定杆式泵三类。定筒式顶部固定杆式泵的柱塞与抽油杆连接,顶部的固定支撑装置将泵筒固定在油管内的预定位置上;定筒式底部固定杆式泵是其底部的锁紧装置将泵筒固定在油管内的预定位置上;动筒式底部固定杆式泵的泵筒与抽油杆柱连接,柱塞通过拉管及底部锁紧装置固定在油管内预定位置上。杆式泵检泵时不需要起出油管,而是通过抽油杆把内工作筒拔出。与管式泵相比,杆式泵检泵方便,但其结构复杂,成本高,在相同直径油管内允许下入的泵径较小,适用于泵深度较大、产量较小的油井。由于杆式泵是整泵通过油管下井,泵内各精密部件得到良好保护，不易损伤柱塞。另外，杆式泵还具有形式多样、选择余地大等优点，是国内外比较受欢迎的一种抽油泵。图 1.27 是顶部固定厚壁定筒式杆式泵的结构图。

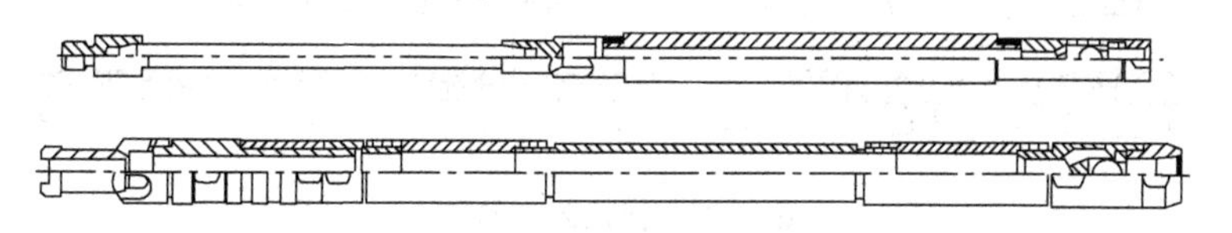

图 1.27 顶部固定厚壁定筒式杆式泵（RHA 泵）

另外有一种使用软密封形式的柱塞泵，它与金属柱塞泵唯一的区别是柱塞不同，这种泵也称作整筒泵。整筒泵在深井中使用时，泵内液体压力使泵筒内径扩张，而柱塞的材质较软，所以在柱塞与泵筒内的表面可以不做硬化处理。将软密封柱塞与整体泵筒组装在一起，就称为整筒泵。与组合泵相比，整筒泵的密封性和耐磨性好，加工难度小，制造方便，泵效高，质量轻，运输和装载方便，不会发生“错缸”的问题。图 1.28 为薄壁泵筒软密封柱塞泵的结构图。

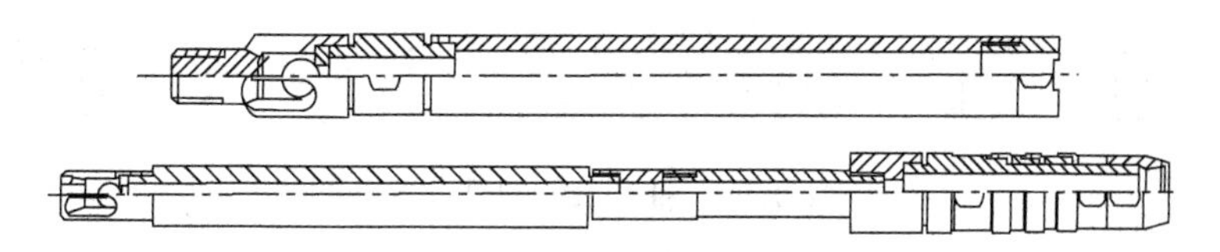

图 1.28 薄壁泵筒软密封柱塞泵（RST 泵）

（2）管式泵。

管式泵又称为油管泵，其主要特点是把泵筒在地面组装好以后，接在油管的下部下入井中，然后投入可打捞的固定阀装置，最后把带有游动阀的柱塞用抽油杆通过油管下入泵中。在检泵起泵时，为了泄掉油管中的原油，常采用两种方法：一种方法是采用可打捞的固定阀，即利用柱塞下端的卡扣扣起固定阀，从而把固定阀提出；另一种方法是柱塞下部无卡扣装置，在起出柱塞和抽油杆后，利用外部的设备下入专用的打捞工具打捞固定阀。管式泵的结构简单，成本低，在相同直径油管内允许下入的泵径较杆式泵大，因而排量大。但起下泵作业时，需要起下全部油管，且修井作业时间长，费用高。故管式泵适用于下入深度不大，产量较高的油井。图1.29为管式泵的结构图。

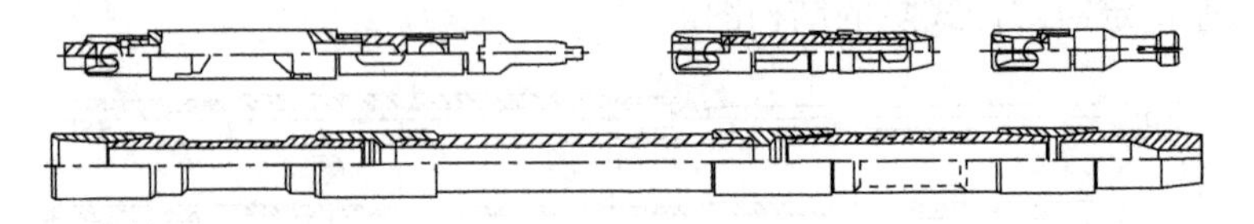

图1.29　管式泵(TH泵)

1.1.7.3　抽油泵的型号及基本参数

根据抽油泵型号，可以知道抽油泵的一些基本参数。例如：一台抽油泵上的型号为20－125RHBC3.0－1.2－0.6－0.6，则表示抽油泵的公称直径为31.8mm，泵筒长度为3.048m，泵筒形式为厚壁泵筒，上部和下部的加长短节长度为0.610mm，柱塞长1.219m，在60.3mm油管中工作并以底部皮碗支撑总成固定。抽油泵的型号由10个项目构成，其组合方式如图1.30所示，每部分的代号所表示的参数名称和主要规格见表1.20。

1 - 2 3 4 5 6 7 - 8 - 9 - 10

图1.30　抽油泵的型号表示

表1.20　抽油泵主要技术参数

项目代号	参数名称	规格
1	标称油管外径	15(48.3mm),20(60.3mm),25(73.0mm),30(88.9mm),40(114.3mm)
2	标称泵径	106(27.0mm),125(31.8mm),150(38.1mm),175(44.5mm),178(45.2mm),200(50.8mm),225(57.2mm),250(63.5mm),275(69.9mm),375(95.3mm)
3	泵的类型	R(杆式泵),T(管式泵)
4	泵筒类型	H(金属柱塞泵厚壁泵筒),W(金属柱塞泵薄壁泵筒),S(软密封柱塞泵薄壁泵筒),X(金属柱塞泵厚壁泵筒，薄壁形螺纹构形)

续表

项目代号	参数名称	规格
5	支撑总成位置	A(顶部),B(底部),T(底部,动筒式)
6	支撑总成类型	C(皮碗式),M(机械式)
7	标称泵筒长度	—
8	标称柱塞长度	—
9	标称上部加长短接长度	—
10	标称下部加长短接长度	—

注:抽油泵主要技术参数参照 GB/T 18607—2008《抽油泵及其组件规范》。

1.2 抽油机悬点运动规律

了解和掌握抽油机驴头悬点的位移、速度和加速度的变化规律是对抽油装置动力学进行研究和对抽油系统动态特性进行分析的首要条件。游梁式抽油机的固定杆是游梁支点和曲柄轴中心的连线,它和曲柄、连杆以及游梁后臂共同构成了抽油机的四连杆机构,其结构示意图如图 1.31 所示。通常情况下,可将四连杆机构简化为简谐运动和曲柄滑块机构,但在计算有杆抽油系统数值和减速器输出轴扭矩时,不可将其简化,需用精确方法计算[6]。

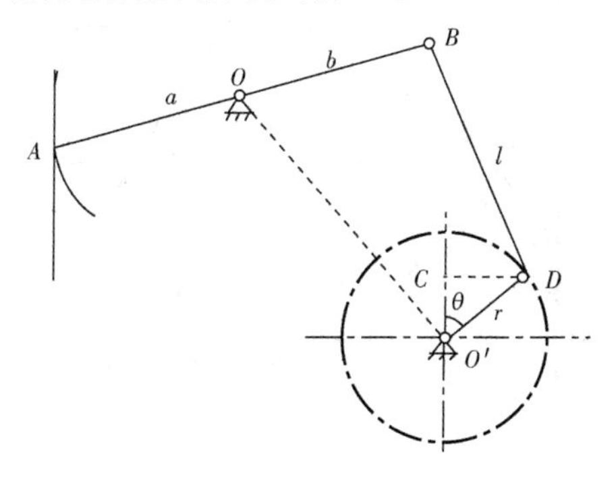

图 1.31 常规型抽油机四连杆机构示意图

1.2.1 简化分析

1.2.1.1 简谐运动

如图1.31所示，当$r/l \to 0$及$r/b \to 0$时，可将B点的运动简化为简谐运动，其悬点位移S_A、速度v_A和加速度a_A的计算见式(1.1)至式(1.3)：

$$S_A = \frac{a}{b} r(1 - \cos\theta) \tag{1.1}$$

$$v_A = \frac{a}{b} r\omega \sin\theta \tag{1.2}$$

$$a_A = \frac{a}{b} r\omega^2 \cos\theta \tag{1.3}$$

$$\theta = \omega t$$

式中 θ——曲柄转角；

ω——曲柄角速度，rad/s；

t——时间，s。

图1.32为型号CYJ8－3－48B(杆件尺寸$s=3\text{m}$，$n=9\text{min}^{-1}$)的抽油机按式(1.1)至式(1.3)计算得出的S_A，v_A和a_A随θ角变化的曲线。根据图1.32可以看出：抽油机在一个冲程内，悬点的位移、速度的大小、加速度的大小和方向都在发生变化。上冲程的前半部分为向

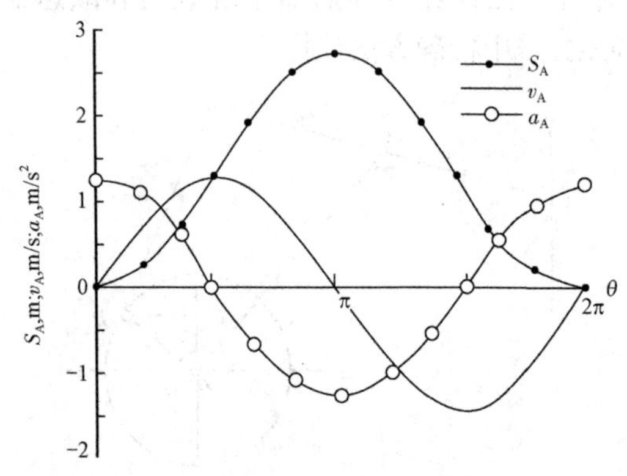

图1.32 简化为简谐运动时悬点运动规律

上的加速运动,上冲程的后半部分为向上的减速运动,下冲程和上冲程的运动情况类似,只是方向发生改变。

1.2.1.2 曲柄滑块机构运动

假设曲柄半径为 r,连杆长度为 l,当抽油机的 r/l 和 r/b 值不可忽略时,常将悬点的运动模型简化为曲柄滑块机构运动。其简化条件为:$0 < r/l < 1/4$,B 点绕游梁支点的弧线运动可近似成直线运动,令 $\lambda = r/l$,则悬点的运动规律可表达为式(1.4)至式(1.6):

$$S_A = \frac{a}{b}r\left(1 - \cos\theta + \frac{\lambda}{2}\sin^2\theta\right) \tag{1.4}$$

$$v_A = \frac{a}{b}r\omega\left(\sin\theta + \frac{\lambda}{2}\sin2\theta\right) \tag{1.5}$$

$$a_A = \frac{a}{b}r\omega^2(\cos\theta + \lambda\cos2\theta) \tag{1.6}$$

对式(1.6)的 θ 求导并令其等于0,即可得到在 $\theta = 0°$ 和 $\theta = 180°$(下、上死点)处悬点的最大加速度 a_{max},见式(1.7)和式(1.8):

$$a_{max}\big|_{\theta=0°} = \frac{a}{b}\omega^2 r(1 + \lambda) = \frac{s}{2}\omega^2\left(1 + \frac{r}{l}\right) \tag{1.7}$$

$$a_{max}\big|_{\theta=180°} = \frac{a}{b}\omega^2 r(-1 + \lambda) = -\frac{s}{2}\omega^2\left(1 - \frac{r}{l}\right) \tag{1.8}$$

图1.33和图1.34分别是以CYJ8-3-48B,杆件尺寸 $s = 3\text{m}$,$n = 9\text{min}^{-1}$ 的抽油机按简谐运动、曲柄滑块机构和精确方法计算的悬点速度和加速度曲线。通过两者的曲线规律可以得出:按曲柄滑块机构计算的速度变化近似为正弦曲线,加速度变化近似为余弦曲线。所以,对于一般的简单计算和分析,可采用曲柄滑块机构模型分析,对于粗略估算和简单分析,可采用简谐运动处理。

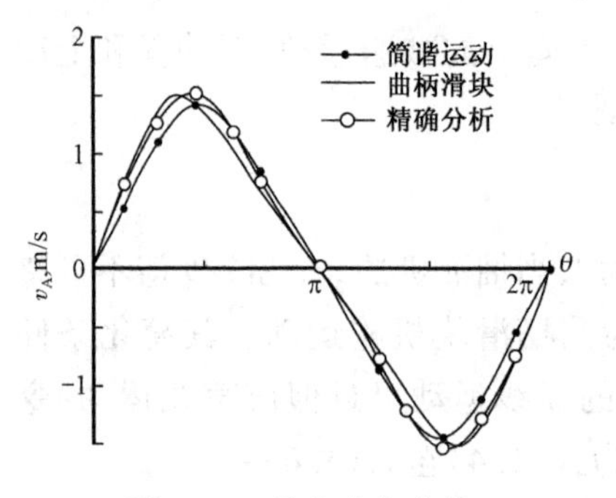

图 1.33 悬点速度曲线

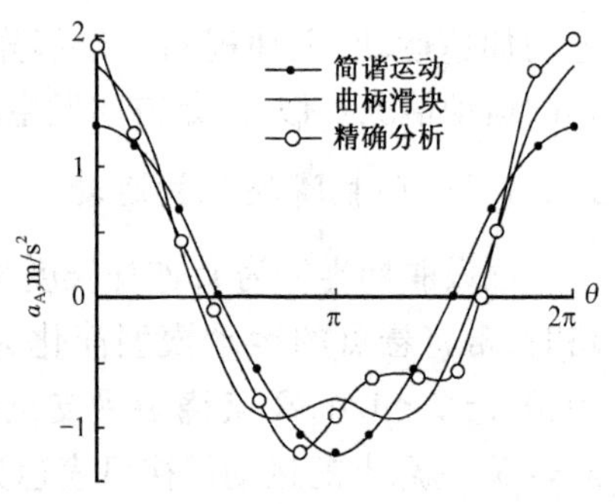

图 1.34 悬点加速度曲线

1.2.2 精确分析

1.2.2.1 几何关系

常规型和前置型游梁式抽油机连杆机构的几何关系如图 1.35 所示。

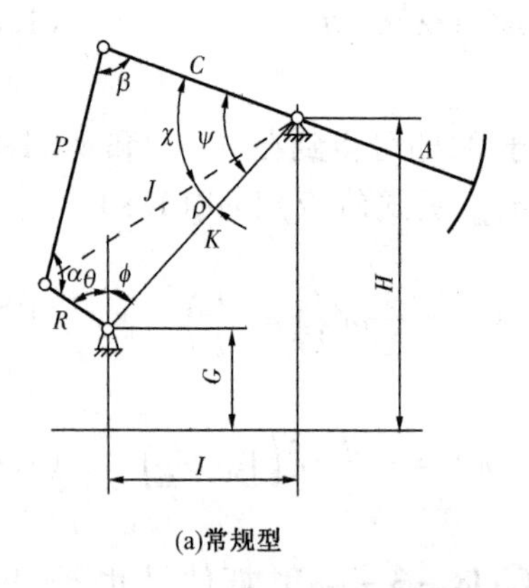

(a)常规型

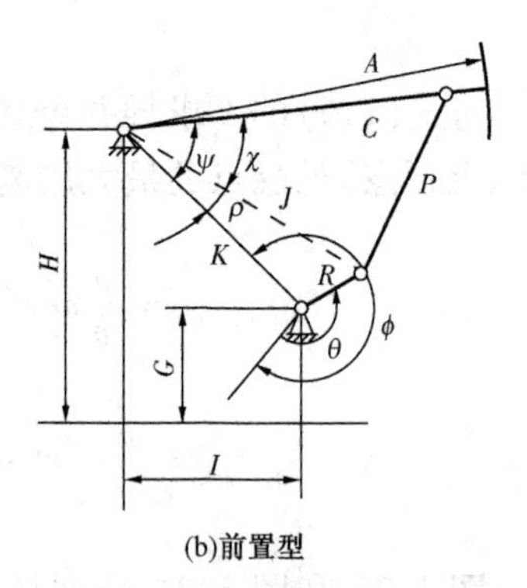

(b)前置型

图 1.35 游梁式抽油机连杆机构的几何关系

A—游梁前臂长度；C—游梁后臂长度；G—曲柄轴中心到底座底部的高度；H—游梁臂中心到底座底部的高度；I—游梁轴中心到曲柄轴中心的水平距离；J—曲柄轴中心到游梁轴中心的距离；K—游梁轴中心到曲柄轴中心的距离；P—连杆长度；R—曲柄半径；α—曲柄 R 与连杆 P 之间的夹角；β—游梁后臂 C 与连杆 P 之间的夹角；χ—C 与 J 的夹角；ρ—K 与 J 的夹角；ψ—C 与 K 的夹角；θ—R 与零度线的夹角，即曲柄转角（$0\leqslant\theta\leqslant2\pi$）；$\phi$—零度线与 K 的夹角（曲柄初相角）

根据常规型和前置型抽油机的曲柄初相角 ϕ 不同，美国石油协会将常规型抽油机的曲柄初相规定为时钟的 12 点位置，前置型抽油机规定为 6 点位置。用式(1.9)和式(1.10)表示。

(1)常规型：

$$\phi = \pm \arctan\left(\frac{1}{H-G}\right) \tag{1.9}$$

(2)前置型：

$$\phi = \pi \pm \arctan\left(\frac{1}{H-G}\right) \tag{1.10}$$

式中的"+"和"-"表示曲柄的旋转方向。

然而，从实际情况来看，美国石油协会的规定并不准确。因为，对于常规型抽油机，悬点处于下死点时，悬点的位移为 0，游梁后臂端点处于上死点，此时连杆 P 与曲柄 R 虽然在一直线上，但并没有处在时钟 12 点位置。对于前置型抽油机，悬点处于下死点时，连杆 P 与曲柄 R 重合在一条直线上，也没有处在时钟 6 点位置，存在一定偏差，偏差大小与抽油机杆件尺寸大小有关。根据几何关系，可得到曲柄初相角 ϕ 的通用表达式，见式(1.11)：

$$\phi = \frac{\pi}{2}(1-T) + \arccos\left[\frac{R^2 - C^2 + (P+TR)^2}{2K(P+TR)}\right] \tag{1.11}$$

式中 T——机型指数，常规型 $T=1$，前置型 $T=-1$。

由式(1.11)可知，曲柄初相角 ϕ 并非常数，它与抽油机机型和曲柄半径 R 有关。抽油机几何关系如下：

$$J = \sqrt{K^2 + R^2 - 2KR\cos(D\theta + \phi)}$$

$$K = \sqrt{J^2 + (H-G)^2}$$

$$\psi = \chi + \rho$$

$$\chi = \arccos\left(\frac{C^2 + J^2 - P^2}{2CJ}\right)$$

$$\rho = \arcsin\left[\frac{R}{J}\sin(D\theta + \phi)\right]$$

$$\psi_b = \arccos\left[\frac{C^2 + K^2 - (P + TR)^2}{2CK}\right]$$

$$\psi_t = \arccos\left[\frac{C^2 + K^2 - (P - TR)^2}{2CK}\right]$$

以上表达式中的 D 用来表示曲柄的旋转方向。当悬点处于下死点处并且曲柄背向支架旋转时，$D=1$；如果曲柄指向支架旋转，$D=-1$。

1.2.2.2 运动分析

当曲柄转角为0°时，悬点相对于下死点的位移 S_A 表达式见式(1.12)：

$$S_A = TA[\psi_b - \psi(D\theta + \phi)] = TA(\psi_b - \psi_t) \tag{1.12}$$

游梁摆动角位移与最大角位移之比称为位移比$\overline{PR}$，其表达式见式(1.13)：

$$\overline{PR} = \frac{S_A(\theta)}{S_{max}} = \frac{\psi_b - \psi}{\psi_b - \psi_t} \tag{1.13}$$

$$S_{max} = TA(\psi_b - \psi)$$

式中　S_{max}——悬点最大位移。

综合考虑抽油机类型和曲柄旋转方向，可由速度瞬心法导出悬点速度公式，见式(1.14)：

$$v_A = \omega DT\frac{AR}{C}\frac{\sin\alpha}{\sin\beta} \tag{1.14}$$

β 为游梁后臂 C 与连杆 P 之间的夹角，由余弦定理可得式(1.15)：

$$\beta = \arccos\left(\frac{C^2 + P^2 - J^2}{2CP}\right) \tag{1.15}$$

当 $\beta<0°$ 时，则 $\beta=\pi+\beta$。

α 为曲柄 R 与连杆 P 之间的夹角，其表达式见式(1.16)：

$$\alpha = 2\pi - \beta - \psi - (D\theta + \phi) \tag{1.16}$$

悬点位移对曲柄转角的变化率称作扭矩因数$\overline{TF}$,扭矩因数是抽油机减速器曲柄轴扭矩计算的重要参数,其表达式见式(1.17):

$$\overline{TF}(\theta) = \frac{\mathrm{d}S_{\mathrm{A}}(\theta)}{\mathrm{d}\theta} = \frac{v_{\mathrm{A}}}{\omega} = DT\frac{AR}{C}\frac{\sin\alpha}{\sin\beta} \tag{1.17}$$

将式(1.14)对时间 t 求导,即可得到悬点的加速度,见式(1.18):

$$a_{\mathrm{A}} = -\omega^2 T\frac{APK}{CP}\frac{(R/C)\sin\alpha\cos\beta\sin(D\theta+\phi) + \sin\beta\cos\alpha\sin\psi}{\sin^3\beta} \tag{1.18}$$

1.3 抽油机悬点载荷

正常工作的抽油机,其悬点会受到载荷的作用,悬点载荷根据性质不同可以分为静载荷、动载荷和摩擦载荷。抽油机带动光杆上下往复运动时,上述各类载荷均作周期性变化。根据悬点载荷大小随悬点位移变化绘制的图形称为光杆(地面)示功图。光杆示功图通常用示功图测试仪进行实测,如图 1.36 所示。由此可求得悬点实际载荷,用于机、杆、泵的工作状况分析和诊断。但是,在选择抽油设备以及确定工艺参数时,需要预测悬点载荷。因此,对悬点载荷及其变化规律进行理论分析和计算是十分重要的[6]。

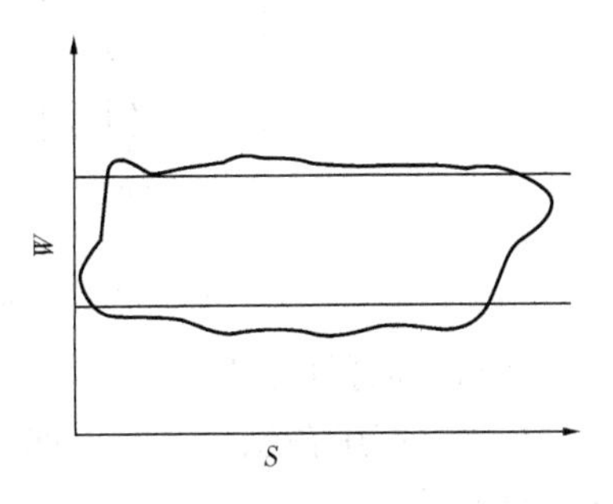

图 1.36 悬点实测示功图

S—悬点位移;W—悬点载荷

1.3.1 悬点静载荷及理论示功图

静载荷是指在同向冲程中保持不变的力(如抽油杆柱自重、液柱重量、油压、套压等)所产生的悬点载荷。在上、下冲程中,悬点载荷存在很大的静载差,它是影响抽油机平衡、扭矩、抽油泵柱塞冲程等抽油系统特性的主要原因。静载荷作用下的理论示功图是对比分析实测示功图,诊断抽油泵工况的基础。

1.3.1.1 上冲程悬点静载荷

抽油系统工作过程如图1.37所示。在上冲程中,游动阀关闭,柱塞上下流体不连通。此时悬点静载荷的力包括抽油杆柱自身重力和柱塞上、下流体压力。

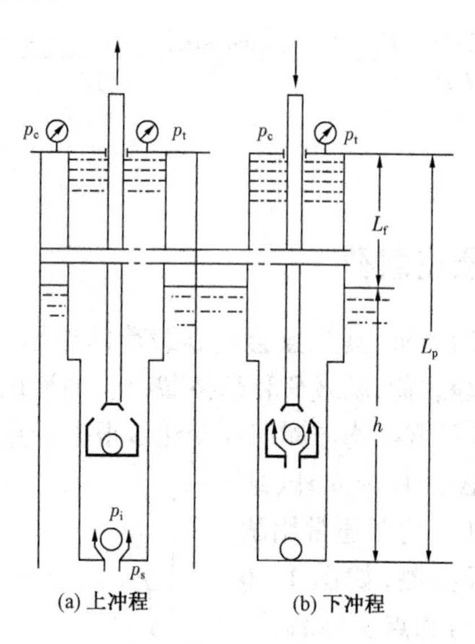

图1.37 抽油系统工作过程

(1)抽油杆柱重力。

上冲程作用在悬点上的抽油杆柱重力为它在空气中的重力,按式(1.19)计算:

$$W_r = A_r \rho_r g L_p \tag{1.19}$$

式中 W_r——抽油杆柱在空气中的重力,kN;

A_r——抽油杆截面积,m^2;

ρ_r——抽油杆密度,钢杆为7.85t/m^3;

g——重力加速度(9.81m/s^2);

L_p——抽油杆柱长度（即泵深），m。

（2）作用于柱塞上部环形液柱的压力（泵排出压力）。

对于无气的举升液柱，此压力为井口回压与液柱静压之和，即式（1.20）：

$$p_o = p_t + \rho_L g L_p \tag{1.20}$$

式中　p_o——泵排出压力，kPa；

p_t——井口回压，kPa；

ρ_L——液体密度，t/m^3。

（3）作用于柱塞底部的流体压力（泵吸入压力）。

油井稳定生产时油管与套管环形空间中的液面称为动液面。抽油泵沉没在动液面 L_f 以下的深度称为沉没度 h，如图 1.37 所示。上冲程中，在沉没压力的作用下，井中液体克服抽油泵入口的流动阻力进入泵内，此时液流所具有的压力称为吸入压力。此压力作用于柱塞底部，产生向上载荷。泵吸入压力按式（1.21）计算：

$$p_i = p_s - \Delta p_v \tag{1.21}$$

式中　p_i——泵吸入压力，kPa；

p_s——沉没压力，kPa；

Δp_v——流体通过泵入口设备产生的压力降，kPa。

由于动液面以上的气柱压力可以与泵入口处的设备的阻力相互抵消一部分，那么泵的吸入压力视为套压与动液面以下液柱静压之和，按式（1.22）计算：

$$p_i = p_c + h\rho_L g \tag{1.22}$$

式中　p_c——套压，kPa；

h——沉没度，m。

（4）上冲程悬点静载荷。

上冲程悬点静载荷 W_{j1} 等于上述三个力作用在悬点上的静载荷，见式（1.23）：

$$W_{j1} = W_r + p_o(A_p - A_r) - p_i A_p \tag{1.23}$$

分别将式(1.19)、式(1.20)、式(1.22)代入式(1.23),整理得式(1.24):

$$W_{j1} = (\rho_r - \rho_L) g L_p A_r + \rho_L g (L_p - h) A_p + (p_t - p_c) A_p - p_t A_r \tag{1.24}$$

令

$$W'_r = (\rho_r - \rho_L) g L_p A_r \tag{1.25}$$

$$W'_L = \rho_L g (L_p - h) A_p = \rho_L g L_f A_p \tag{1.26}$$

$$L_f = L_p - h$$

$$W_{j1} = W'_r + W'_L + (p_t - p_c) A_p - p_t A_r \tag{1.27}$$

式中 L_f——动液面深度,m;

W'_r——抽油杆柱在井液中的重力,kN;

W'_L——动液面深度全柱塞面积上的液柱载荷,kN。

井口回压在上冲程中产生的悬点载荷和套压可以相互抵消一部分,因此,上冲程中的悬点静载荷可以简化为式(1.28):

$$W_{j1} = W'_r + W'_L \tag{1.28}$$

上述分析表明,上冲程中悬点静载荷主要由 W'_r和 W'_L两部分组成。W'_L反映了柱塞上下静压差作用在悬点上的液柱载荷。当沉没度较小时,泵吸入压力作用于柱塞底部产生向上载荷较小,若忽略其影响,W'_L可近似表示为整个柱塞以上的液柱载荷(最大液柱载荷),取动液面深度为下泵深度,即式(1.29):

$$W'_L = \rho_L g L_p A_p \tag{1.29}$$

1.3.1.2 下冲程悬点静载荷

在下冲程中,游动阀打开固定阀关闭,柱塞上下液体连通,油管内液体的浮力作用在抽油杆柱上。因此,下冲程作用在悬点上的抽油杆柱的力等于抽油杆的重力减去它在液体中的浮力。液柱载荷通过固定阀作用于油管上,而不作用于悬点。井口回压在下冲程中减轻了悬点载荷。下冲程悬点静载荷按式(1.30)计算:

$$W_{j2} = W'_r - p_t A_r \tag{1.30}$$

式中 W_{j2}——下冲程悬点静载荷,kN。

井口回压对悬点载荷的影响较小,通常忽略不计。这样,下冲程中的悬点静载荷就等于抽油杆柱在液体中的重力,见式(1.31):

$$W_{j2} = W'_r \tag{1.31}$$

1.3.1.3 多级抽油杆柱的重力

抽油杆柱在空气中的重力按式(1.32)计算:

$$W_r = A_r \rho_r g L_p = q_r L_p \tag{1.32}$$

式中 q_r——每米抽油杆在空气中的重力,kN/m。

对于多级组合杆柱,其平均值按式(1.33)计算:

$$q_r = \sum_{i=1}^{m} q_{ri} \varepsilon_i \tag{1.33}$$

式中 m——组合杆柱的总级数;

q_{ri}——第 i 级抽油杆每米自重,kN/m;

ε_i——第 i 级杆长度占全杆长的比例。

抽油杆柱在液体中的重力按式(1.34)计算:

$$W'_r = (\rho_r - \rho_L) g L_p A_r = q'_r L_p \tag{1.34}$$

式中 q'_r——每米抽油杆在井液中的重力,kN/m,按式(1.35)计算。

$$q'_r = (1 - \rho_L / \rho_r) q_r \tag{1.35}$$

对于钢杆,$q'_r = (1 - 0.127\rho_L) q_r$。

1.3.1.4 静载荷作用下的柱塞冲程及理论示功图

由于作用在柱塞上的液柱载荷(即静载差 W'_L),在上、下冲程中不停地在油管和抽油杆柱之间转移,这样一来必然会引起抽油杆柱和油管交替地增减载荷,从而使两者交替地发生伸长和缩短,如图 1.38 所示。

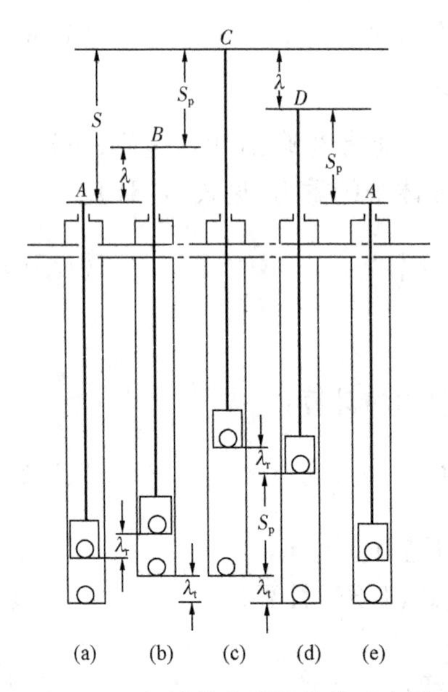

图 1.38 杆管静载弹性伸缩示意图
A—下死点;C—上死点;
B—上冲程中柱塞与泵筒开始
产生相对位移时的光杆位置

如图 1.38(a)和图 1.38(b)所示,在上冲程初期,虽然光杆从下死点 A 缓慢地向上移动,由于同时存在杆柱伸长和油管柱缩短的逐渐变形,柱塞与泵筒之间并没有相对位移,此时游动阀和固定阀均处于关闭状态,因而抽油泵并不抽油。在光杆上移 λ_r(杆柱因增载伸长)距离的同时,管柱因减载缩短 λ_t(泵筒向上移动)距离。只有当光杆从位置 A 上移到位置 B 之后,即光杆上行距离超过 λ(杆管变形结束)这段无效行程之后,随光杆继续上行,柱塞才相对于泵筒向上移动,让出泵筒空间。当泵内压力低于泵口沉没压力时,固定阀被顶开,这时才开始吸液进泵。

同理,如图 1.38(c)和图 1.38(d)所示,在下冲程初期,虽然光杆从上死点 C 向下移动,由于杆柱缩短和管柱伸长,柱塞与泵筒之间并无相对位移,此时两只阀均处于关闭状态。只有当光杆从位置 C 下移到位置 D 之后,即光杆下行距离超过 λ 之后,随光杆继续下行,柱塞才相对于泵筒向下移动,挤压泵内液体,泵压增高,当大于柱塞上部液柱压力时,游动阀被顶开,这时泵内液体才被挤压到柱塞上面。

因此,在静载荷作用下,柱塞冲程长度 S_p 较光杆冲程长度 S 减少 λ,故 λ 称为冲程损失。S_p 按式(1.36)计算:

$$S_p = S - (\lambda_r + \lambda_t) = S - \lambda \tag{1.36}$$

根据虎克定律得出式(1.37)：

$$\lambda = \lambda_r + \lambda_t = \frac{W'_L L_p}{E}\left(\frac{1}{A_r} + \frac{1}{A_t}\right) = W'_L L_p (E_r + E_t) \quad (1.37)$$

$$E_t = (EA_t)^{-1}$$

$$E_r = (EA_r)^{-1}$$

式中　E——材料的弹性模量，钢材为2.06×10^8kPa；

A_r——油管金属截面积，m^2；

E_t——油管弹性常数，kN^{-1}；

E_r——抽油杆弹性常数，kN^{-1}。

对于 m 级组合杆柱，其平均值按式(1.38)计算：

$$E_r = \sum_{i=1}^{m} E_{ri}\varepsilon_i \quad (1.38)$$

静载荷作用下的理论示功图的形状为一平行四边形 $ABCD$，如图1.39所示。ABC 为上冲程静载荷变化线，CDA 为下冲程静载变化线，AB 段为加载线，CD 段为卸载线。加载过程中，游动阀和固定阀均处于关闭状态，B 点加载结束。因此 $B'B = \lambda$，此后柱塞与泵筒开始发生相对位移，固定阀打开开始吸液进泵，故 BC 为泵的吸入过程，且 $BC = S_p$。卸载过程中，游动阀和固定阀均处于关闭状态，到 D 点卸载结束，因此$D'D = \lambda$，此后柱塞和泵筒发生相对位移，游动阀被顶开，泵开始排液。故 DA 为泵的排液过程，且$DA = S_p$。

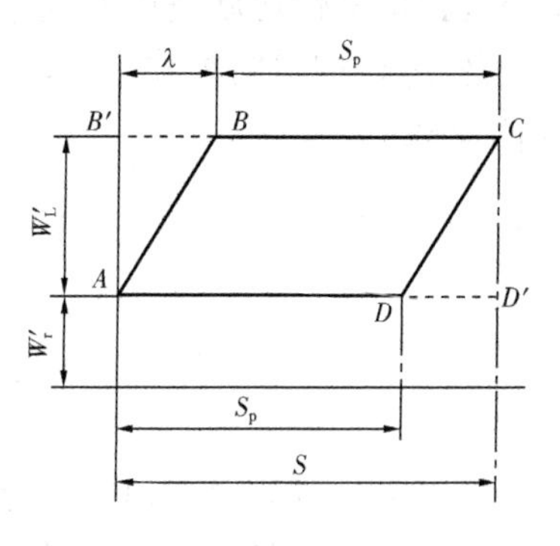

图1.39　理论示功图

理论示功图是对比分析实测示功图，诊断井下工况的重要依据。例如，在正常生产的情况下，如果抽油机冲次较低，泵挂不深，实测示功图会比较接近于理论示功图。如果油井工况异常，特别是井下发生故障时，两者会存在较大差异。

1.3.2 悬点动载荷

抽油杆柱和液柱做周期性的变速运动时存在一定的惯性,并且杆柱和液柱在运动时也会产生一定的弹性振动,这些惯性力和振动共同作用于悬点,而这些载荷的大小和方向与悬点的运动状态有关,故称动载荷。

惯性力的方向与加速度方向相反。为了计算方便,一般规定加速度向上为正,规定向下的载荷为正。如果不考虑抽油杆柱的弹性,则杆柱惯性载荷 I_r 等于杆柱质量与悬点加速度的乘积,见式(1.39):

$$I_r = W_r \frac{a_A}{g} \tag{1.39}$$

如果不考虑液体的可压缩性,则液柱惯性载荷 I_L 等于液柱质量与液柱运动加速度的乘积。由于油管内径和抽油泵直径不同,故杆管环形空间内的液体运动速度和加速度不等于泵柱塞的运动速度和加速度。忽略杆柱弹性,视柱塞运动即为悬点运动,并引入加速度修正系数 ξ,见式(1.40):

$$I_L = \xi W_L \frac{a_A}{g} \tag{1.40}$$

$$\xi = \frac{A_p - A_r}{A_{tf} - A_r}$$

式中 A_{tf}——油管的流通断面面积,m^2。

如果将抽油机悬点运动简化为曲柄滑块机构运动,发生在下、上死点处的最大加速度,分别表示为式(1.7)和式(1.8),并分别代入式(1.39)和式(1.40),则上冲程中杆柱引起的悬点最大惯性载荷 I_{r1} 按式(1.41)计算:

$$I_{r1} = \frac{W_r}{g}\frac{s}{2}\omega^2\left(1 + \frac{r}{1}\right) = \frac{W_r}{g}\frac{s}{2}\left(\frac{\pi n}{30}\right)^2\left(1 + \frac{r}{1}\right)$$

$$= W_r \frac{sn^2}{1790}\left(1 + \frac{r}{1}\right) \tag{1.41}$$

若取 $r/1 = 1/4$，则：

$$I_{r1} = W_r \frac{sn^2}{1440}$$

上冲程中液柱引起的悬点最大惯性载荷 I_{L1} 按式(1.42)计算：

$$I_{L1} = \frac{W_r}{g}\frac{s}{2}\omega^2\left(1 + \frac{r}{1}\right)\xi = W_L \frac{sn^2}{1790}\left(1 + \frac{r}{1}\right)\xi \qquad (1.42)$$

下冲程中杆柱引起的悬点最大惯性载荷 I_{r2} 为

$$I_{r2} = -\frac{W_r}{g}\frac{s}{2}\omega^2\left(1 - \frac{r}{1}\right) = -W_r \frac{sn^2}{1790}\left(1 - \frac{r}{1}\right) \qquad (1.43)$$

下冲程中液柱不随悬点运动，因此不存在液柱惯性载荷。

所以，上冲程中悬点最大惯性载荷 I_1 为：

$$I_1 = I_{r1} + I_{L1}$$

下冲程中悬点最大惯性 I_2 为：

$$I_2 = I_{r2}$$

实际上，由于杆柱和液柱具有弹性，杆柱和液柱各点的运动与悬点运动并不一致。所以，上述按悬点最大加速度计算的惯性载荷一般将大于实际值。在液柱中含气较多和冲次较小的情况下，计算悬点最大载荷时，可忽略液柱引起的惯性载荷。

1.4　抽油机平衡与需求功率

抽油机系统运行平衡与否直接关系到抽油机的运行效率，准确计算和调整抽油机运行平衡状态，对合理选用适当的变速装置与电动机都具有重要的指导意义。同时，在油井工况改变以后，通过对抽油机平衡状态的重新调整，可以降低能耗，从而提高抽油机运行效率。

1.4.1 抽油机平衡

抽油机在运行时，由于上、下冲程中悬点载荷并不均衡，满足上冲程载荷的电动机，在下冲程中将做负功，从而造成抽油机在上下冲程中受力极不平衡，这将严重降低电动机的效率和寿命，使抽油机发生剧烈振动，破坏曲柄旋转速度的均匀性，恶化抽油杆和泵的工作条件。因此，抽油机必须采用平衡装置。

要使抽油机平衡运转，就应使电动机在上、下冲程中都做正功并且做功相等。简单的方法是在抽油机游梁后臂上加一重物，在上冲程时，则让重物储存的能量释放出来帮助电动机做功；在下冲程中让抽油杆自重和电动机一起对重物做功。

目前常用的平衡方式有机械平衡和气动平衡。

机械平衡方式是以增加配重块的重力势能来储存能量，在上冲程中配重块帮助电动机做功。机械平衡有以下三种方式：

(1)游梁平衡：在游梁尾部加平衡配重，适用于小型抽油机。

(2)曲柄平衡：平衡配重加在曲柄上，这种平衡方式便于调节平衡，并且可避免在游梁上造成过大的惯性力，适用于大型抽油机。

(3)复合平衡：在游梁尾部和曲柄上都加平衡配重，多用于中型抽油机。

气动平衡方式是在下冲程过程中，利用游梁带动气泵活塞压缩气缸中的气体，使下冲程中的能量以压缩空气的形式加以储存，在上冲程中被压缩的气体膨胀，将储存的压缩能转换成膨胀能帮助电动机做功。

1.4.2 曲柄轴扭矩

减速器是抽油机的关键设备，有时其成本甚至占到全套抽油设备的一半以上。合理选用合适的减速器不仅关系到油井生产时所能达到的最大抽汲参数，也限制着生产所需要的电动机功率。因此，合理地使用减速器是一个重要的技术问题。正确计算减速器曲柄轴的扭矩是检查减速器是否超载的依据，也可以用于检查和计算电动机的功率[6]。

1.4.2.1 悬点载荷造成的曲柄轴扭矩

以常规抽油机为例，其主体结构的几何关系如图 1.40 所示。当电动机驱动减速器曲柄轴转动微小角位移 $\Delta\theta$ 时，光杆产生纵向位移 ΔS。规定光杆向上位移为正并忽略各处摩擦等因素，在曲柄轴转动 $\Delta\theta$ 期间，悬点平均载荷 $\overline{W}$ 与其在曲柄轴上造成的平均扭矩 $\overline{M}_w$ 所做的功相等，即式(1.44)：

$$\Delta\theta\overline{M}_w = \Delta S\overline{W} \tag{1.44}$$

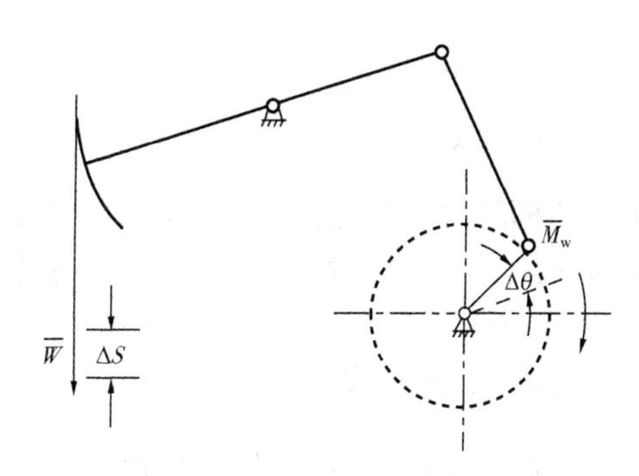

图 1.40 悬点载荷造成的曲柄轴扭矩

在曲柄位置 θ 的瞬间，单位悬点载荷在曲柄轴上产生的扭矩称为扭矩因数$\overline{TF}$，即式(1.45)：

$$\lim_{\Delta\theta\to 0}\frac{\Delta S}{\Delta\theta} = \frac{\mathrm{d}S_A(\theta)}{\mathrm{d}\theta} = S'_A(\theta) = \frac{M_w(\theta)}{W(\theta)} = \overline{TF}(\theta) \tag{1.45}$$

式(1.45)表明，扭矩因数$\overline{TF}$的物理意义是单位悬点载荷在曲柄轴上产生的扭矩。其实质是表征抽油机的运动特性，即悬点位移随曲柄转角 θ 的变化率，其量纲为长度(m)。常规型和前置型抽油机的扭矩因数可根据抽油机的几何尺寸按式(1.17)计算。

因此，利用悬点载荷数据(实测或预测示功图)，按式(1.46)逐点计算，可得到扭矩曲线 $M_w-\theta$，如图 1.41 中变化幅度最大的细实线所示。

$$M_w(\theta) = \overline{TF}(\theta)W(\theta) \tag{1.46}$$

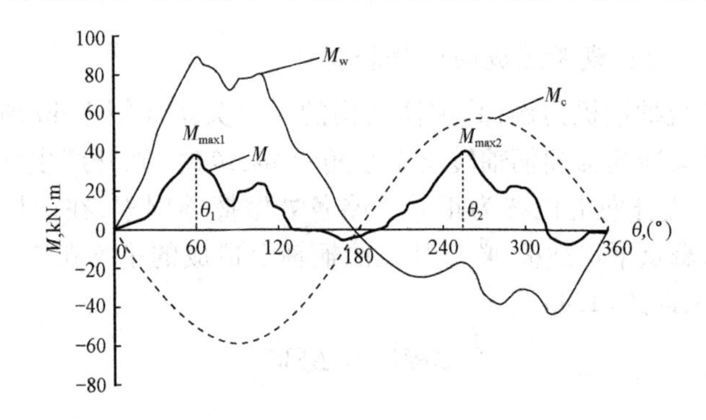

图 1.41　扭矩曲线

1.4.2.2　计算扭矩的基本公式

曲柄轴扭矩随曲柄转角的变化曲线称为曲柄轴扭矩曲线，简称扭矩曲线。悬点载荷扭矩 M_w 与平衡扭矩 M_c 之差称为净扭矩，用 M 表示。

对于游梁平衡抽油机，M 按式(1.47)计算：

$$M = \left[W - \left(B + \frac{c}{a}W_b\right)\right]\overline{TF} \tag{1.47}$$

式中，B 为抽油机本身不平衡值，等于连杆与曲柄脱开时，为了保持游梁处于水平位置所需要加在光杆上的力；a 为游梁式抽油机游梁支点到游梁前端的距离；c 为游梁式抽油机游梁支点到游梁平衡块中心的距离。

对于曲柄平衡抽油机，M 按式(1.48)计算：

$$M = (W - B)\ \overline{TF} - M_{cmax}\sin(\theta + \tau) \tag{1.48}$$

$$M_{cmax} = W_{cb}R + W_cR_c$$

式中　M_{cmax}——曲柄最大平衡扭矩，即曲柄处于水平位置时曲柄平衡配重产生的扭矩，N · m；

τ——曲柄平衡相位角(常规型抽油机 $\tau = 0$；异相型和前置型抽油机，τ 为曲柄平衡配重臂中心线与曲柄中心线的偏移角)。

对于复合平衡抽油机，M 按式(1.49)计算：

$$M = \left[W - \left(B + \frac{c}{a}W_{\mathrm{b}}\right)\right]\overline{TF} - M_{\mathrm{cmax}}\sin(\theta + \tau) \qquad (1.49)$$

计算扭矩曲线时，先计算出给定型号抽油机冲程下位置因数$\overline{PR}(\theta)$和扭矩因数$\overline{TF}(\theta)$数据，再利用实测示功图中悬点载荷 W 和悬点位移 S 之间的关系，建立悬点载荷 W 和曲柄转角 θ 的关系，最后根据使用的平衡块数和平衡半径等便可计算绘制扭矩曲线，如图 1.41 所示。

1.4.2.3　最大扭矩的预测

上述扭矩曲线是目前用来确定扭矩的准确方法。在抽油工艺设计时，可采用基于波动方程的数值模拟方法，预测给定抽汲参数条件下的地面示功图，从而绘制扭矩曲线。

在抽油工艺设计时，常用 API 方法计算最大扭矩。一般分析中也可采用简化公式估算。拉玛扎若夫(1957)根据大量实测示功图资料回归分析得出预测常规型抽油机最大扭矩的经验公式(SI 单位制)，见式(1.50)：

$$M_{\max} = 300S + 0.236S(W_{\max} - W_{\min}) \qquad (1.50)$$

根据我国油井扭矩曲线的峰值资料，也建立了类似的经验公式(SI 单位制)，见式(1.51)：

$$M_{\max} = 1800S + 0.202S(W_{\max} - W_{\min}) \qquad (1.51)$$

1.4.3　电动机功率

在选择抽油机时，需要确定或校核适合抽油机工作能力的电动机容量，即功率大小。电动机的功率可根据曲柄轴等值扭矩计算，见式(1.52)：

$$P = \frac{2\pi M_{\mathrm{e}} n}{60\eta_{\mathrm{zc}}} \qquad (1.52)$$

式中　P——电动机功率，W；

n——冲次,$\min^{-1}$;

η_{zc}——传动效率(减速器传动效率与皮带传动效率的乘积);

M_e——减速器曲柄轴等值扭矩,N·m。

所谓等值扭矩,就是用一个固定扭矩代替变化的实际扭矩,使其电动机的发热条件相同,则此固定扭矩称为实际变化扭矩的等值扭矩。可根据扭矩曲线计算,见式(1.53):

$$M_e = \sqrt{\frac{1}{2\pi}\int_0^{2\pi}[M(\theta)]^2 d\theta} = \sqrt{\frac{1}{2\pi}(\sum_{i=1}^{n} M_i^2 \Delta\theta)} \quad (1.53)$$

式中 M_i——瞬时扭矩,N·m;

θ——曲柄转角。

抽油机曲柄轴的等值扭矩与最大扭矩之间存在一定关系,可近似表示为式(1.54):

$$M_e \approx kM_{max} \quad (1.54)$$

如果将抽油机的运动视为简谐运动,比例系数 $k=0.7$;根据理论分析和实践资料的计算结果,并考虑不平衡等因素,建议取 $k=0.60$。

应该指出,计算出电动机功率后,在具体选择电动机型号时,还应注意电动机的转数与皮带直径和冲次的配合,并考虑电动机的过载能力和启动特性。

参考文献

[1] 姚志松,姚磊. 新型配电变压器结构、原理和应用[M]. 北京:机械工业出版社,2007.

[2] 穆剑. 油气田节能监测工作手册[M]. 北京:石油工业出版社,2013.

[3] 郎永强. 小功率异步电动机维修技术[M]. 北京:化学工业出版社,2007.

[4] 李发海,朱东起. 电机学[M]. 北京:科学出版社,2007.

[5] 张士诚等. 我国连续抽油杆的研究现状[J]. 石油矿场机械,2004(S1).

[6] 李颖川. 采油工程[M]. 北京:石油工业出版社,2009.

2 机械采油系统节能监测方法

在原油生产过程中,对机械采油系统工作状况的监测有着十分重要的意义。通过对抽油井和抽油机产量、液面及示功图等方面的检测,可以分析油层供液能力、抽油设备的工作状况及能耗。从而制订合理的技术措施,使之充分发挥油层和抽油设备的潜力并协调工作,以保证油井安全高效率地生产。

2.1 机械采油系统工况监测内容

机械采油系统工况监测布点如图 2.1 所示[1]。

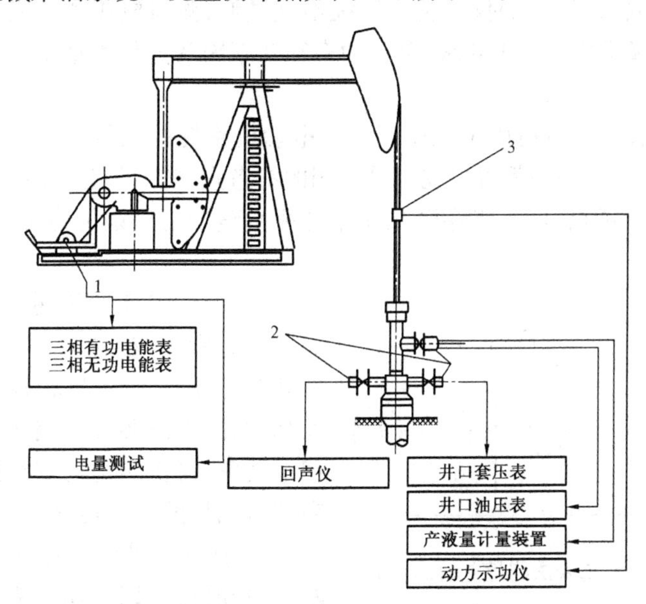

图 2.1 机械采油系统工况监测布点位置和仪器连接示意图

1—监测电动机的输入功率;2—监测井口及井下参数;3—监测光杆参数

根据 SY/T 5264—2012《油田生产系统能耗测试和计算方法》的要求,监测内容主要包含以下几个项目:

(1)电参数:主要测量电动机系统输入功率或电流、电压和功率因数等。

(2)井口参数:主要测量油管压力、套管压力、产液量及原油含水率等。

(3)井下参数:主要测量动液面深度。

(4)光杆参数:主要测量抽油机的光杆功率。

2.2 电参数监测方法

2.2.1 电动机能耗参数测量

电动机的功率测量可以使用一表法、二表法、三表法,最为常见的是二表法(二功率计法)和三表法(三功率计法)。在测量抽油机电力系统参数时,使用的仪表精度等级不宜过低,测量电压和电流的仪表精度等级不应低于1.0级,测量功率和功率因数的仪表精度不应低于1.5级。

二表法一般适用于三相三线制电动机系统的测量。在一个三相系统中,任何一相都可以成为另一相的参考点。如果将三相中的某一相作为参考点,就可以用两只功率计测量整个三相系统的功率,如图2.2所示。

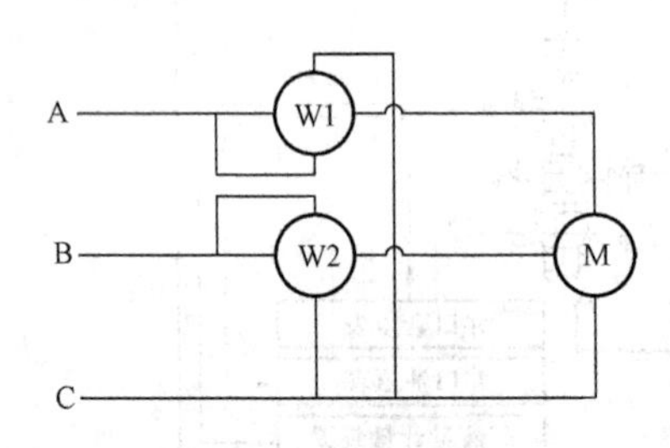

图2.2 二表法测量电动机功率

功率计W1和W2测量出的有效功率分别为P_1和P_2,电动机的有效功率$P=P_1+P_2$。若只有一块功率计,则需要分别测量两相绕组的功率,再将两组功率相加即可获得电动机的有效功率。

对于一些采用三相四线制接法的电动机,可以使用三表法进行功率的测量。采用Y形接法或△形接法的电动机通常选择中性点作为参考点,而这种接法的好处是每一相的电压、电流和功率都可以独立测量。利用三表法测量电动机功率的电路如图2.3所示。

功率计 W1,W2 和 W3 测量出的有效功率分别为 P_1,P_2 和 P_3,电动机的有效功率 $P = P_1 + P_2 + P_3$。

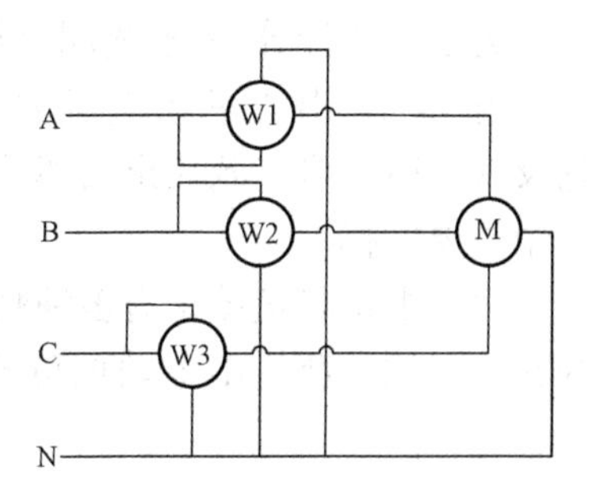

图 2.3 三表法测量电动机功率

除了使用传统的功率计测量电动机运行参数外,还可以使用一些功能更为强大的功率分析仪对电动机运行参数进行测量。例如泰克公司生产的 PA4000 型功率参数分析仪,该仪器提供了高精度的多通道功率测量、能量测量和转换效率测量功能,可同时对双相、三相交流电路的电压、电流、有功功率、无功功率、功率因数、电路谐波等参数进行实时测量和分析,并支持扭矩和转速传感器信号输入,可对电动机运行状态做更为详尽的测试。仪器本身还支持多种数据采集接口和联网功能,可以方便地将测试结果进行远程传输。

2.2.2 用实际转速求负载率和输出功率

异步电动机工作时的能耗参数可以通过各种类型的仪表进行测量,而电动机的输出功率、效率、负载率等参数则主要依靠测量到的能耗参数推算得到[2]。

要求解电动机的效率和负载率,首先要知道电动机的输入和输出功率,但是电动机的输出功率 P_2 很难直接获取,因而只能通过计算效率 η 或负载率 β 来推算输出功率,见式(2.1):

$$P_2 = \eta P_1 = \beta P_e \tag{2.1}$$

式中 P_1——电动机的输入功率;

P_e——电动机的额定输出功率。

从式(2.1)式又可得到式(2.2)或式(2.3):

$$\eta = \frac{P_e}{P_1}\beta \tag{2.2}$$

$$\beta = \frac{P_1}{P_e}\eta \tag{2.3}$$

为了简化计算，一般先测算负载率再计算效率。

电动机输出功率 P_2 与其额定功率 P_e 的比值称作电动机负载率。它反映了电动机有效输出功率的利用状况，是评价电动机运行状态的一个重要指标。

异步电动机负载率有多种测算方法，利用转速求负载率的方法称为转差率法。测量出电动机负载时的转速 n_s、电压 U_s，应用式(2.4)计算：

$$\beta = \frac{(n_1 - n_s)n_s}{(n_s - n_e)n_e} \cdot \left(\frac{U_s}{U_e}\right)^2 \tag{2.4}$$

式中 n_1——电动机的同步转速；

n_e——电动机的额定转速；

U_e——电动机的额定电压。

这种方法适合于电动机轻载时的负载率计算。

2.2.3 电动机变频器测试

为了提高电动机运行效率、优化抽汲参数、方便日常生产管理，变频调速技术被引入到了抽油机拖动系统中。变频器可以通过改变电源的频率来实现对电动机运行速度的控制。但是，变频器在工作时会在输入输出回路引起高次谐波，使得抽油机在使用变频后在电参数上表现出某些特殊性。由于在抽油机电动机驱动过程中增加了一个环节，变频器自身也具有一定的损耗，反而使抽油机系统的能耗增加[3]。因此，测试变频器的自身损耗是客观评价变频器节能效果的必要前提。

为了简化测试步骤，提高测试精度，一般可以使用多功能功率分析仪对变频器的工作状况进行测试。例如日置公司开发的3390功率分析仪，该仪器除可以进行常规电气测量外，还可以对变频器进行全面的测试与分析。其主要性能特点如下：

(1)4通道电压、电流输入，可同时测量变频器输入和输出。

(2)主机基本精度0.1级，测量频宽0.5~150Hz，单通道采样频率400kb/s。

(3)可与专用电流传感器组合使用，具有高精度、宽频带及宽量程。

3390 功率分析仪有 4 路电压、电流测量通道，在同步测量变频器入端与出端电能参数时采用的是两瓦表法，其接线方法如图 2.4 所示。以出端为例，两路电流传感器分别测量 A 线、C 线的电流，测得 i_A 和 i_C，两路电压传感器的中线共同接到 B 线上，相线则分别共同接到 A 线、C 线上，测得 u_{AB} 和 u_{BC}。这时，两路功率值 P_3 和 P_4 的代数和等于变频器的总输出功率，即式(2.5)：

$$P_{34} = P_3 + P_4 = \frac{\int_0^T u_{AB} i_A + \int_0^T u_{BC} i_C}{T} \tag{2.5}$$

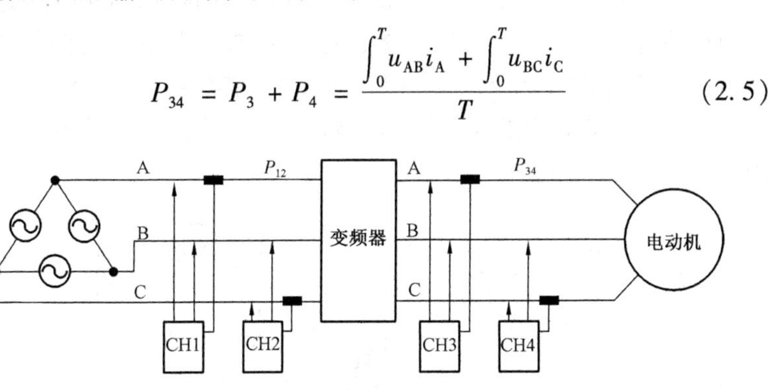

图 2.4　两瓦表法测量接线图

同理，测算得到变频器入端的输入功率 P_{12} 进而得到抽油机变频器的损耗 P_s 及变频器的效率 η，即式(2.6)和式(2.7)：

$$P_s = P_{12} - P_{34} \tag{2.6}$$

$$\eta = \frac{P_{34}}{P_{12}} \tag{2.7}$$

2.2.4　配电变压器测试

配电变压器在运行一段时间后由于老化、故障等多种原因，其工作效率会慢慢降低，因此需要对已经长时间运行的变压器的运行效率进行测量，从而检测出能耗过高的配电变压器，并及时更换。表征配电变压器能耗的主要参数有：变压器空载电流、空载损耗和负载损耗。测试方法可按 JB/T 501—2006《电力变压器试验导则》执行；评价标准可参考 GB 20052—2006《三相配电变压器能效限定及节能评价值》执行。

2.2.4.1 空载电流和空载损耗测量

配电变压器的空载电流是指：当变压器空载，并且输入额定频率下的额定电压时，变压器输入绕组电流的有效值，对于三相变压器，空载电流等于三相端子电流有效值的算术平均值。配电变压器的空载损耗是指：当变压器空载，并且输入额定频率下的额定电压时，变压器所消耗的有功功率。变压器空载电流、空载损耗测试原理图如图 2.5 所示，为了简化测试步骤，提高测试可靠性，推荐使用功率分析仪测量所需参数。图 2.5 中的 VT 为感应调压器，PT 为三相电压互感器，CT 为三相电流互感器。

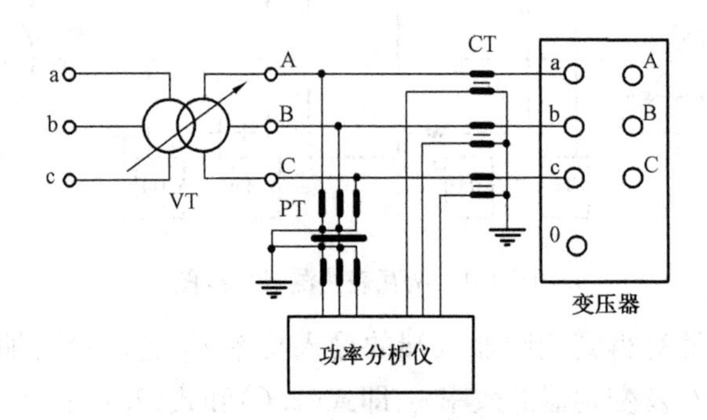

图 2.5 变压器空载电流、空载损耗测试

试验电压的施加应从零开始，调压器输出开关合闸后，应立即观察电源及测量系统的电流与电压指示，无异常后开始升压，在功率分析仪测量出数值后，应对三相电压进行测量，如果三相电压不对称度小于5%，可继续升压，在升压过程中应连续观察测量仪表的指示状况，在测量过程中，注意剩磁对测量结果的影响。在测量仪器和试验设备不过载的情况下，先对被试变压器进行两次110%额定电压励磁，降压时，尽可能降到零电压，再次对被试变压器进行额定电压励磁，保持几分钟后，测量数据中的损耗和电流没有下降的趋势方可进行测量，从功率分析仪上读出当前变压器的空载电流和空载损耗功率。

当试验电压的三相不对称度小于2%时,以AC相电压为准施加励磁电压测量空载数据;当试验电压的三相不对称度大于2%但不超过5%时,分别以三相电压AC,BC,AB为准施加励磁电压测量空载数据,试验数据取三者的算术平均值。

2.2.4.2 负载损耗测试

配电变压器的负载损耗是指:当变压器连接负载时(测试时ABC三相短接),并且输入额定频率下的额定电流,变压器自身消耗的有功功率。变压器的负载损耗与负载大小有关,变压器名牌和技术手册中给出的负载损耗是在变压器工作于额定功率下测得的。变压器负载损耗测试原理如图2.6所示。图2.6中的VT为感应调压器,CC为补偿电容,PT为三相电压互感器,CT为三相电流互感器。

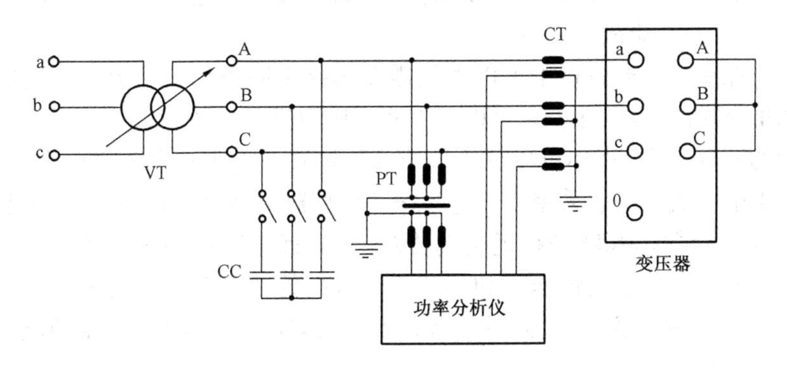

图2.6 变压器负载损耗测试

试验电压的施加应从零开始,调压器输出开关合闸后,应立即观察电源及测量系统的电流与电压指示,无异常后开始升压,在功率分析仪测量出数值后,应对三相电压进行测量,如果三相电压不对称度小于5%,可继续升压,在升压过程中应连续观察测量仪表的指示状况,在测量过程中,注意绕组发热对测量结果的影响,同时准确记录试验时绕组的温度。测量时应以三相电流有效值的算术平均值为准施加试验电流。另外,读出变压器负载损耗后还应根据JB/T 501—2006《电力变压器试验导则》中的方法将测得的损耗折算至参考温度。

2.3 井口参数监测方法

井口参数的主要测量对象有:井口压力、套管压力、油井产液量、输出原油含水率四项指标。

2.3.1 井口压力和套管压力测试方法

井口压力和套管压力可以使用专用的压力表进行测试。根据SY/T 5264—2012《油田生产系统能耗测试和计算方法》的测量标准,用于井口压力和套管压力测量的压力表精度等级不应低于1.6级。

压力表是一种用来测试承压设备、设施、工艺管网流程内介质压力的一种计量仪表。它可以显示生产过程中介质的压力变化,使操作人员能够将压力控制在规定的范围内,保证生产工艺和生产安全的需要,防止超压事故的发生。

在实际生产过程中可以根据需要选择不同类型的压力表。按照测量介质的不同,压力表可以分为液体压力表和气体压力表。根据功能的不同,压力表还可以分为传统的机械式压力表和电子式压力表,其中电子式压力表采用数字化的压力传感器电路,可以将测量结果利用专用的数据线路进行远距离传输,便于远程监控和实现数字化抄表。井口所安装的油压表和气压表应根据管路工艺压力的大小选择计量范围适合的产品,同时要考虑到压力表的工作温度、抗振动能力和防腐蚀能力。

2.3.2 油井产液量的测试方法

根据SY/T 5264—2012《油田生产系统能耗测试和计算方法》的测量标准,产液量的计量应该使用精度等级不低于5.0级的液体计量装置进行计量。在实际应用中通常使用玻璃管量油器对产液量进行计量,本节主要介绍基于玻璃管量油器的产液量测算方法[4]。

玻璃管量油具有方便、简单、易于操作等优点。玻璃管量油器根据连通管原理,采用定容积计量的方法。玻璃管内水柱的高度和分离器内液柱的高度呈一定对应关系,由于油水混合液与水的密度不同,水柱和液柱的上升高度也不同。根据连通管平衡原理得到:

$$h_l\rho_l = h_w\rho_w$$

因此可得：

$$h_l = \frac{h_w\rho_w}{\rho_l}$$

则分离器内液柱质量 G 按式(2.8)计算：

$$G = h_l\rho_l s = \frac{h_w\rho_w}{\rho_l}\rho_l s = h_w\rho_w s \tag{2.8}$$

式中　h_l, h_w——液、水上升高度，m；

ρ_l, ρ_w——液、水密度，t/m³；

s——分离器横截面积，m²。

量油时，若水面上升高度 h 所测时间为 t(s)，则每秒时间的产液量 q 按式(2.9)计算：

$$q = \frac{sh_w\rho_w}{t} \tag{2.9}$$

1d(24h = 86400s)产液量 Q 按式(2.10)计算：

$$Q = \frac{sh_w\rho_w}{t} \times 86400 \tag{2.10}$$

2.3.3　含水率测试方法

原油含水率的测定在原油生产方面有着重要的意义。首先，在原油产出且还未经过初步处理时，测定含水率有利于掌握注水情况，便于调整后续生产性注水的计划，有利于提高产量；其次，测定含水率是原油销售上商务考量的一个标准。依国际惯例，原油销售含水率不得高于5%。换句话说，如果原油含水率过高会被炼油企业以油品不合格或不达标为名退货或索赔。测定原油含水率推荐采用 GB/T 8929—2006《原油水含量的测定　蒸馏法》所规定的蒸馏法进行，该方法测试精度高，测量结果准确。

2.3.3.1 测试原理和所需仪器

在回流条件下，将待测样品和不溶于水的溶剂混合加热，样品中的水分和溶剂开始蒸发。气体状态的水和溶剂通过冷凝器在接受器中连续分离。分离出的水分蓄积在接受器下部的刻度管中，溶剂则返回到蒸馏烧瓶。这样一来，原油中的水分就源源不断地被分离出来。

测试时所需的仪器由一个1000mL的玻璃蒸馏烧瓶、一个400mm的冷凝管、一个最小刻度值为0.05mL的接受器和一个加热器组成，其结构如图2.7所示。

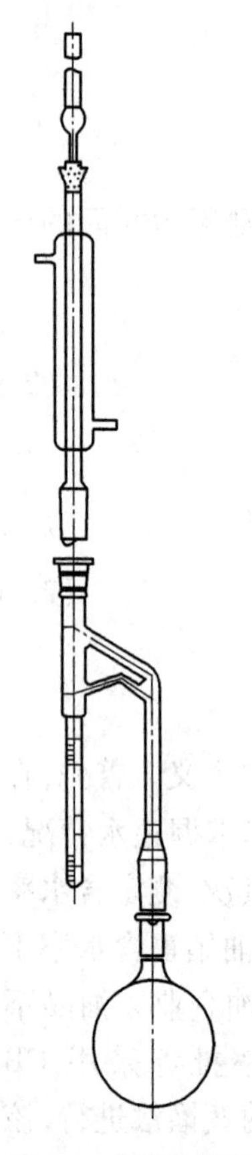

图2.7 蒸馏仪器图

2.3.3.2 操作步骤

利用蒸馏法测定原油含水率的步骤如下：

(1)测定水的体积分数。

(2)测定水的质量分数。

(3)按照规范装配蒸馏所需仪器。

(4)加热蒸馏烧瓶。

(5)持续加热直到冷凝管内没有任何可见水并且接受器内水的体积在至少5min内保持不变。

(6)当水完全被转移后，让接受器和其内容物冷却至室温，读出接受器中水的体积。

(7)将400mL溶剂倒入蒸馏烧瓶中，按上述步骤进行空白试验。

2.3.3.3 结果处理

使用下面一个合适的公式计算样品的水含量。以水分的体积分数 φ_a 和 φ_b 或质量分数 ω_c 计，数值用百分数表示，见式(2.11)、式(2.12)和式(2.13)：

$$\varphi_a = \frac{V_2 - V_0}{V_1} \times 100\% \qquad (2.11)$$

$$\varphi_b = \frac{V_2 - V_0}{m/\rho} \times 100\% \tag{2.12}$$

$$\omega_c = \frac{V_2 - V_0}{m} \times 100\% \tag{2.13}$$

式中　V_0——做空白试验时接受器中水的体积,mL;

V_1——试样的体积,mL;

V_2——接受器中水的体积,mL;

m——试样的质量,g;

ρ——试样密度,g/mL。

假定水的密度为1g/mL,如果存在挥发性的水溶性物质,可当作水测量。报告水含量的结果修约到0.025%。

2.4　井下参数监测方法

为了分析产层单井产能及其工作状况,需要获取抽油井的井底压力。井底压力一般不易直接测得,通常的做法是通过测量套管环空的液面高程来间接测算出井底压力。这种方法操作简单,费用低,因此应用十分广泛。

2.4.1　液面及采油指数

动液面是油井生产稳定时,油套管环形空间的液面,如图2.8所示。动液面一般是从井口(地面)到液面之间的测量深度 L_f。也可用从油层中部算起的高度 H_f 表示。与它相对应的井底压力就是流压 p_{wf}。

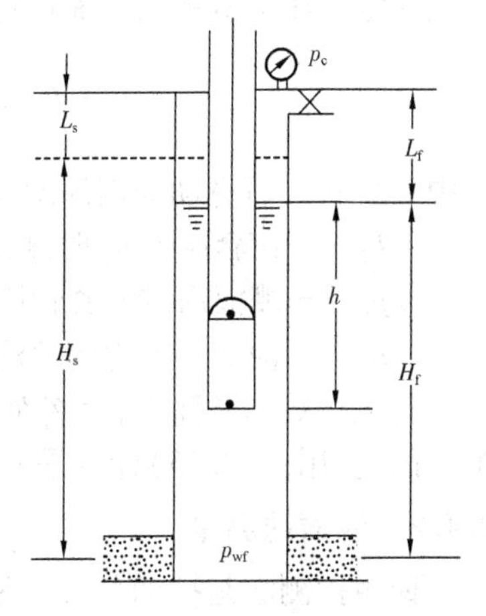

图2.8　静、动液面位置

静液面是关井后环形空间中液面恢复到静止(与地层静压相平衡)时的液面。可以从井口测得深度 L_s,也可以用从油层中部算起的液面高度 H_s 来表示其位置。与它相对应的井底压力就是平均地层压力 $\bar{p}_r$。

静液面与动液面之差（$\Delta H = H_s - H_f$）相对应的压力差即为油层的生产压差。所以，抽油井可以通过液面的变化，反映井底压力的变化，其产量可表示为式(2.14)：

$$Q_L = K(H_s - H_f) = K(L_f - L_s) \tag{2.14}$$

式中 Q_L——油井产液量，m^3/d；

H_s，L_s——静液面的高度、深度，m；

H_f，L_f——动液面的高度、深度，m；

K——产液指数，$m^3/(d \cdot m)$。

由式(2.14)可得式(2.15)：

$$K = \frac{Q_L}{L_f - L_s} = \frac{Q_L}{H_s - H_f} \tag{2.15}$$

产液指数 K 也表示单位生产压差下的油井产液量，只是用相应的液柱表示生产压差。

在探测液面时，往往套管压力并不为零，有时在 1MPa 以上。这样，在不同套压下测得的液面并不能直接反映井底压力的高低。为了消除套压的影响，便于对不同资料进行对比，引入折算液面的概念，即把在一定套压下测得的液面进行折算，见式(2.16)：

$$L_{fc} = L_f - \frac{p_c}{\overline{\rho_L} g} \tag{2.16}$$

式中 L_{fc}——折算动液面深度，m；

L_f——在套压为 p_c 时测得的动液面深度，m；

p_c——测液面时的套管压力，Pa；

$\overline{\rho_L}$——油套环形空间井液平均密度，kg/m^3。

对大多数油井而言，静液面和动液面往往是在不同的套压下测得的。因此，用式(2.15)计算采液指数时应采用折算液面。

2.4.2 液面的测量

回声探测法是抽油井环空液面测试广泛采用的方法。常用的仪器主要有单声道和双声道两种回声仪[5]。

2.4.2.1 单声道回声仪探测液面

单声道回声仪所测的声波反射曲线如图2.9所示。

为了确定环空中的声速，在油管上预先安装一个称为音标的声音反射装置。图2.9所示声波反射曲线上，A为井口反射波记录点，B为音标反射波记录点，C为液面反射波记录点。根据已知音标深度和所测到的声波反射曲线，便可计算出液面深度，见式(2.17)：

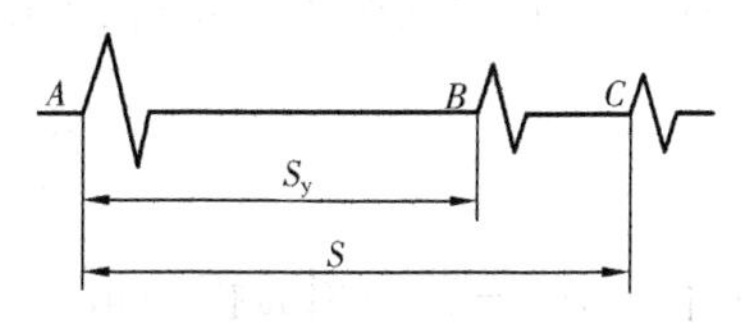

图2.9 单声道回声仪声波反射曲线

$$L = L_y \frac{S}{S_y} \tag{2.17}$$

式中 L,L_y——液面深度、音标深度，m；

S,S_y——液面波长度、音标波长度，mm。

2.4.2.2 双声道回声仪探测液面

对于未下音标或音标已被液面淹没的油井，用双声道回声仪可同时测得两条声波反射曲线，如图2.10所示。一条为液面反射曲线（A笔），另一条为油管节箍的反射曲线（B笔）。使用专用卡规以井口波峰为起点至液面波峰起点为止（A笔），测量出油管节箍数（B笔），根据每根油管的平均长度确定液面深度。

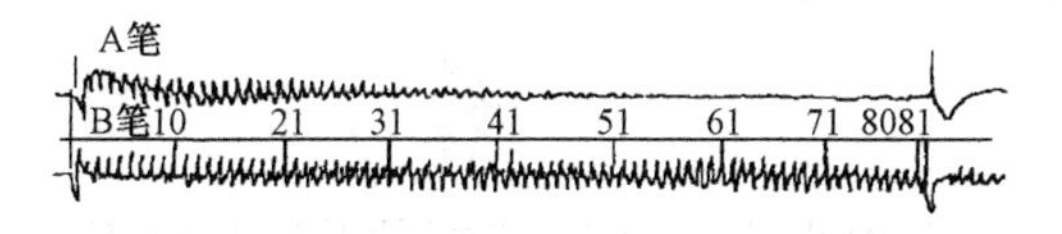

图2.10 双声道回声仪声波反射曲线

2.5 光杆参数监测方法

2.5.1 光杆功率传统计算

抽油机系统效率的分析，主要是从油井的井下效率和地面效率两个方面着手。其中，井下效率 = 输出有效功率/光杆功率，地面效率 =

光杆功率/输入功率，因此分析光杆效率称为分析抽油机运行效率的关键。根据 SY/T 5264—2012《油田生产系统能耗测试和计算方法》，抽油机井光杆功率 P(kW)按式(2.18)计算：

$$P = \frac{ASfn}{60000} \tag{2.18}$$

式中 A——示功图面积，mm^2；

S——示功图减程比，m/mm；

f——示功图力比，N/mm；

n——光杆实测平均冲次，mim^{-1}。

2.5.2 利用示功图数据计算光杆功率

利用传统方法计算光杆功率固然简单，但是也存在着一些缺点：一是示功图面积计算误差较大，直接影响光杆功率的准确性；二是每口井的数据都需要手工计算，工作量较大。目前各油田开始使用示功图测试仪对油井工况进行监测，而利用示功图测试仪的测试结果，可以较为简便、准确地计算出光杆功率。

示功图测试仪的测试结果由一系列反应抽油机冲程、冲次、载荷、位移的数据构成。由于示功图测试仪的载荷、位移数据有数百对(有些仪器可能更多)，因此，可以把每一个上、下冲程分解成一个个微小冲程的累计，这样，把每一微小冲程内光杆的运动看成是匀速运动，其速度 v_t 按式(2.19)计算：

$$v_t = \frac{\Delta S}{\Delta t} \tag{2.19}$$

如果在每一个微小位移段内，光杆的载荷稳定不变，光杆功率可近似表示为式(2.20)：

$$P = \sum_{i=0}^{n} F_i v_i = \sum_{i=0}^{n} F_i \frac{\Delta S}{\Delta t} = \frac{1}{T}\sum_{i=0}^{n} F_i \Delta S \tag{2.20}$$

$$\Delta S = S_{i+1} - S_i$$

$$\Delta t = \frac{T}{n}$$

式中　v_i——每个微小冲程内的速度,m/s;

F_i——每个微小冲程内的载荷,kN;

T——每个冲程的时间,s;

ΔS——每个微小冲程内的位移,m;

Δt——每个微小冲程的时间,s;

n——测试的载荷、位移数据对的数量,个。

此方法的计算前提是假定在每一个微小冲程段内载荷不发生变化,实际上悬点载荷是在明显变化着的,上下死点附近载荷变化尤为明显,因此还可以对示功图测试仪的载荷数据做进一步插值修正处理[6],从而获得更高的计算精度。

2.6　抽油机节能监测实用技术

2.6.1　电能法判断抽油机平衡

利用抽油机运行时的电能消耗数据可以比较方便地对抽油机运行的平衡状态进行判断。主要的测试方法分为电流平衡法和功率平衡法。

(1)电流平衡法:为抽油机下冲程电流峰值与上冲程电流峰值的比值。采用钳形电流表直接测量抽油机上冲程时电动机电流峰值和下冲程时电动机电流峰值即可获得电流平衡度。该方法不需要测量电功率,操作安全,易于实现。

(2)功率平衡法:抽油机井运行时下冲程最大功率与上冲程最大功率的比值,或抽油机井运行时下冲程最大电流与上冲程最大电流的比值,用百分数表示。此种测试方法在测试时需要使用功率分析仪连续测量并记录抽油机电动机在运行时的实时功率消耗情况,这样不仅可以得到电动机输出功率在整个抽汲周期内的波动情况,而且可以比较容易地发现电动机“倒发电”现象。

2.6.2　地面示功图转换为泵功图方法

石油开采活动中,为了提高采汲效率,需要对井下油泵工作状态进行分析。但直接获取抽油泵的示功图十分困难,一般情况下地面示功图是油田上能够经常取得的基本资料,如何将地面示功图转换成为泵功图,从而判断油泵在井下几千米的工作状态,对石油开采具有十分重要的意义。1966 年,Gibbs · S · G 给出了将地面示功图转化为泵功图的 Gibbs 模型,较好地解决了这个问题。

计算泵功图的关键是求解 Gibbs 模型(带阻尼振动方程),这里提供一种根据抽汲参数及流体性质确定阻尼系数的思路。抽油杆柱在往复运动中只要任一小段产生纵向加速度,必然会挤压或拉扯它的邻段,这就引起杆的纵向振动[7]。

应用虎克定律及牛顿第二定律,考虑杆柱在黏性液体中发生振动,杆柱单元段受到黏滞阻力,得到带阻尼振动方程[7],见式(2.21):

$$\frac{\partial^2 u}{\partial t^2} = a^2 \frac{\partial^2 u}{\partial x^2} - c \frac{\partial u}{\partial t} \tag{2.21}$$

其中,$u(x,t)$表示抽油杆在时刻 t 截面 x 处的位移,$a = \sqrt{\frac{E}{\rho_r}}$,$c$ 表示单位黏滞阻力系数,E 表示弹性体杨氏模量,ρ_r 表示杆柱体的密度。

利用带阻尼振动方程结合悬点运动负荷函数、光杆位移函数可以求解出抽油杆柱任意深度截面的位移随时间变化的关系以及黏滞阻力引起的摩擦功。

把地面示功图换算为井下泵功图之后,结合油井设备性能和生产数据就可以对抽油系统及油层的工作状况,全面地进行定性和定量分析。

2.6.3 采用示功图与有效行程相结合的方法计算产液量

产液量的计量技术是实现数字化油田生产管理的重要环节。主要用于油田生产过程中的油田产液量计算及生产管理,从而实现节能增效的作用。油井产液量计量有很多种方式,常见的方式主要有三种:示功图计量模式、井口流量计量模式、小站计量模式。其中示功图量油技术具有十分显著的优点,使用设备简单,投资较小,而且可以实现出油量连续实时计算[8]。采用示功图计算产液量的一般步骤是:

(1)利用示功图测试仪测量悬点载荷和位移数据。

(2)将得到的地面示功图转换为井下泵功图。

(3)根据泵功图来确定固定阀和游动阀的开闭点,确定泵的有效冲程。

(4)结合泵的有效冲程和泵功图的面积,最后进行单井计量。

详细的推算过程可参考本章参考文献[8]。

2.6.4 抽油机综合效率测试系统

随着近年来新型传感器和测试技术的不断发展,石油行业类测试仪器正在向着小型化、多功能化和网络化方向发展。在抽油机节能综合测试领域出现了一种可以同时测量多种抽油机运行参数的抽油机综合效率测试仪。该类仪器的系统组成如图2.11所示。

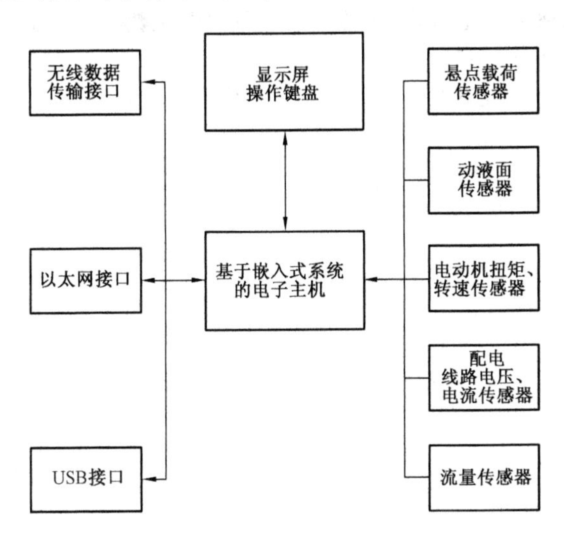

图2.11 抽油机综合效率测试仪组成

这种仪器在监测抽油机运行电流、悬点载荷、悬点位移的基础上,还能够同时监测抽油机的耗电曲线、电网电压、功率因数、电网频率、电网谐波、井口油气流量、井下动液面高度等多种参数,能方便地测出抽油机的电耗与光杆功率,算出抽油井的地面效率和地下效率,分析抽油机平衡情况与抽油机的运行特性,提出平衡调整建议。对正确选择抽油设备参数、优选抽油设备、监测和调整抽油机及井下抽油泵的工况有十分重要的意义。

参 考 文 献

[1] 穆剑.油气田节能监测工作手册[M].北京:石油工业出版社,2013.
[2] 傅永谦.异步电动机负载率测算方法探讨[J].包钢科技,1990,(1):62.
[3] 张卫华,崔晓霖.抽油机变频器损耗测试技术[J].石油石化节能,2013,(9):21-22.
[4] 张多伦.对产液量计量精度的认识[J].硅谷,2010,(4):128.
[5] 李颖川.采油工程[M].北京:石油工业出版社,2009.
[6] 王旭,余武,李晓霖.光杆功率的计算分析和应用[J].农业装备与车辆工程,2009,(5):42-44.
[7] 闵长泰,郭宏.将地面示功图转换为地下示功图的数学方法[J].大庆师专学报,1992,(4):1-2.
[8] 姚鲁.有杆泵监测诊断及油田经济运行系统设计[D].山东:大连理工大电信学院,2013.

3 机械采油系统节能测试评价与分析

就目前国内机械采油系统的节能情况看,总体节能水平较低。缺少高效的技术装备是原因之一,机械采油系统的设计水平和油井管理水平也是影响抽油机节能效果的重要因素。准确分析和计算抽油机系统各部分的能耗损失和系统效率,对提高机械采油系统设计水平、油井管理水平和油田效益有着重要意义。

3.1 节能测试计算方法

3.1.1 配电系统计算方法

配电系统节能监测计算方法按照 GB/T 16664《企业供配电系统节能监测方法》的规定进行计算。

3.1.1.1 日负荷率的计算方法

用电体系在测试期的日负荷率按式(3.1)计算:

$$K_f = \frac{P_p}{P_{max}} \times 100\% \tag{3.1}$$

式中 K_f——日负荷率;

P_p——用电体系在测试期内实际用电的平均有功负荷,等于实际用电量除以用电小时数,kW;

P_{max}——用电体系在测试期出现的最大小时平均有功负荷,kW。

3.1.1.2 变压器负载系数的计算方法

电力变压器运行期间平均输出视在功率与其额定容量之比,即变压器负载系数β,又称变压器平均负载系数。

测试期的变压器负载系数β按式(3.2)计算:

$$\beta = \frac{P_s}{S_e} \tag{3.2}$$

式中 S_e——变压器额定容量,kV·A;

P_s——变压器平均输出视在功率,kV·A,按式(3.3)计算。

$$P_s = \frac{\sqrt{E_p^2 + E_q^2}}{t} \tag{3.3}$$

式中 E_p——运行期间变压器负载侧的有功电量,kW·h;

E_q——运行期间变压器负载侧的无功电量,kvar·h;

t——变压器投入运行的时间,h。

变压器负载系数也可以按式(3.4)进行近似计算:

$$\beta \approx \frac{I_2}{I_{2e}} \tag{3.4}$$

式中 I_2——每台变压器运行时负载侧的均方根电流,A,按式(3.5)计算;

I_{2e}——记录每台变压器负载侧额定电流,A。

$$I_2 = \sqrt{\frac{1}{t}\sum_0^t I^2} \tag{3.5}$$

式中 I——测试期间 t 时间内各时段实测电流值,A,一般要求 t =24h。

3.1.1.3 配电系统线损率的计算方法

测试期的电网线损率按式(3.6)计算:

$$\alpha = \frac{\sum_1^{n_1} \Delta E_s + \sum_1^{n_2} \Delta E_{sx}}{E_r} \times 100\% \tag{3.6}$$

式中 α——测试期的电网线损率,用百分数表示;

n_1——变压器台数;

n_2——线路条数;

E_r——用电体系实际总供给电量，kW·h；

ΔE_s——每台变压器的损耗，kW·h，按式(3.7)计算；

ΔE_{sx}——每条线路的损耗，kW·h，按式(3.11)计算。

每台变压器的损耗按式(3.7)计算：

$$\Delta E_s = \Delta E_0 + \Delta E_k \tag{3.7}$$

式中　ΔE_0——变压器空载损耗有功电量，kW·h，按式(3.8)或式(3.9)计算；

ΔE_k——变压器负载损耗有功电量，kW·h，按式(3.10)计算。

变压器空载损耗有功电量按式(3.8)或式(3.9)计算：

$$\Delta E_0 = P_0\left(\frac{U_1}{U_e}\right)^2 t \tag{3.8}$$

$$\Delta E_0 \approx P_0 t \tag{3.9}$$

式中　P_0——变压器空载损耗，kW；

U_1——变压器运行电压(平均值)，V；

U_e——变压器额定电压，V；

t——变压器投入运行时间，h。

变压器负载损耗有功电量按式(3.10)计算：

$$\Delta E_k = P_k \beta^2 t \tag{3.10}$$

式中　P_k——变压器额定负载损耗，kW；

β——变压器负载系数。

每条线路的损耗按式(3.11)计算：

$$\Delta E_{sx} = m I_i^2 R_L t_i \times 10^{-3} \tag{3.11}$$

式中　m——相数系数，单相 $m=2$，三相三线 $m=3$，三相四线 $m=3.5$；

I_i——线路中电流的均方根值，A；

R_L——每相导线的电阻，Ω，按式(3.12)计算；

t_i——线路运行时间，h。

每相导线的电阻按式(3.12)计算：

$$R_L = R_{20}L_x(1 + \gamma_1 + \gamma_2) \tag{3.12}$$

式中 R_{20}——在温度20℃时每千米导线的电阻值,Ω/km,由线缆手册查取;

L_x——线路导线长度,km;

γ_1——环境温度对电阻值的修正系数,按式(3.13)计算;

γ_2——导线负荷电流引起的温升对电阻值的修正系数,按式(3.14)或式(3.15)计算。

修正系数 γ_1 按式(3.13)计算:

$$\gamma_1 = 0.004(T - 20) \tag{3.13}$$

式中 T——测试期 t_i 内的平均环境温度,℃。

修正系数 γ_2 按式(3.14)或式(3.15)计算:

$$\gamma_2 = 0.004(T_x - 20)\left(\frac{I_i}{KI_k}\right)^2 \tag{3.14}$$

$$\gamma_2 \approx 0.2\left(\frac{I_i}{1.05I_k}\right)^2 \tag{3.15}$$

式中 T_x——导线最高允许温度,℃,裸导线 $T_x = 70$℃,绝缘导线 $T_x = 65$℃,1~3kV 电缆 $T_x = 80$℃,6kV 电缆 $T_x = 65$℃,10kV 电缆 $T_x = 60$℃;

I_k——环境温度为25℃时,导线的允许载流量,A,由线缆手册查取;

K——温度换算系数,可按式(3.14)计算,一般取 $K \approx 1.05$。

$$K = \sqrt{\frac{T_x - 20}{T_x - 25}} \tag{3.16}$$

3.1.1.4 变压器功率因数计算方法

变压器功率因数计算方法与电动机功率因数计算方法一致,按式(3.23)进行计算。

3.1.2 地面系统计算方法

抽油机地面系统计算方法按照 SY/T 5264《油田生产系统能耗测试和计算方法》的规定进行计算。

3.1.2.1 电动机(系统)输入功率计算方法

抽油机输入功率是指拖动抽油机所用电动机的实际输入功率。可根据测试数据按式(3.17)计算:

$$P_{R} = \frac{3600E_{rp}}{T_{p}} \tag{3.17}$$

式中 P_R——电动机输入功率,kW;

E_{rp}——累积有功电量,kW·h,累积正有功电量与累积负有功电量之差;

T_p——电量测试累积时间,s。

当有三相功率表时,可直接用功率表测得电动机输入功率 P_R。

3.1.2.2 电动机功率利用率计算方法

电动机功率利用率按式(3.18)计算:

$$\eta_{d} = \frac{N_{r}}{P_{e}} \times 100\% \tag{3.18}$$

式中 η_d——电动机功率利用率,用百分数表示;

N_r——电动机输入的有功功率,kW,有功功率可以使用有功功率计直接测得;

P_e——电动机额定功率,kW。

3.1.2.3 电动机综合功率损耗计算方法

电动机的综合功率损耗按式(3.19)计算:

$$\Delta P_{c} = \Delta P_{0} + \beta^{2}(\Delta P_{N} - \Delta P_{0}) + K_{Q}[Q_{0} + \xi^{2}(Q_{N} - Q_{0})] \tag{3.19}$$

式中 ΔP_c——电动机的综合功率损耗,kW;

ΔP_0——电动机的空载有功损耗,kW;

ΔP_N——电动机额定负载时的有功损耗,kW;

K_Q——无经济功当量,kW/kvar;

Q_0——电动机的空载无功功率,kvar,按式(3.20)计算;

Q_N——电动机额定负载时的无功功率,kvar,按式(3.21)计算;

ξ——负载系数,按式(3.22)计算。

$$Q_0 = \sqrt{3U^2I_0^2 \times 10^{-6} - \Delta P_0^2} \tag{3.20}$$

式中 U——电源电压,V;

I_0——电动机空载电流,A。

$$Q_N = \frac{P_e}{\eta_N} \cdot \tan\varphi_N \tag{3.21}$$

式中 P_e——电动机额定功率,kW;

η_N——电动机额定效率;

φ_N——额定运行时输入电动机相电流滞后于相电压的相角。

$$\xi = \frac{P_C}{P_e} \tag{3.22}$$

式中 P_C——电动机的输出功率,kW。

3.1.2.4 电动机(变压器)功率因数计算方法

电动机(变压器)有功功率与视在功率之比,即功率因数;以电动机(变压器)有功电量与无功电量为参数计算而得的功率因数,即电动机(变压器)功率因数 $\cos\varphi$,又称电动机(变压器)加权平均功率因数。

测试期的电动机(变压器)功率因数 $\cos\varphi$ 按式(3.23)计算:

$$\cos\varphi = \frac{E_{rp}}{\sqrt{E_{rp}^2 + E_{rq}^2}} \tag{3.23}$$

式中 E_{rp}——供给电动机(变压器)的总有功电量,kW·h;

E_{rq}——供给电动机(变压器)的总无功电量,kvar·h。

当备有功率因数表时,可直接读取功率因数 $\cos\varphi$ 的值。

3.1.2.5 系统有效功率计算方法

机械采油系统的有效功率是指在一定扬程下,以一定排量将井下液体举升到地面所需的功率,可由式(3.24)计算:

$$P_{Y} = \frac{Q\rho_{L}gH}{86400} \tag{3.24}$$

式中 P_Y——有效功率,kW;

Q——实际产液量,m^3/d;

ρ_L——井液密度,t/m^3;

g——重力加速度($g=9.81$),m/s^2;

H——有效扬程,m,可按式(3.25)计算。

$$H = L_{f} + \frac{p_{t} - p_{c}}{\rho_{L}g} \times 10^{3} \tag{3.25}$$

式中 L_f——动液面深度,m;

p_t,p_c——油压、套压,MPa。

3.1.2.6 光杆功率计算方法

光杆功率是抽油机传递给光杆的功率。它包括光杆提升液体和克服井下各种阻力所消耗的功率,按式(3.26)计算:

$$P_{G} = P_{Y} + P_{M} \tag{3.26}$$

式中 P_G——光杆功率,kW;

P_M——井下摩擦损失功率,$P_M = P_G - P_Y$。

P_G 可根据实测示功图的面积计算,见式(3.27):

$$P_{G} = \frac{As_{d}f_{d}N_{s}}{60000} \tag{3.27}$$

式中 A——示功图面积,mm^2;

s_d——示功图减程比,m/mm;

N_s——光杆实测平均冲次,mm^{-1};

f_d——示功图力比,N/mm。

3.1.2.7 平衡度计算方法

电流平衡度指抽油机井运行时下冲程最大电流与上冲程最大电流的比值，功率平衡度指抽油机井运行时下冲程最大功率与上冲程最大功率的比值，用$\overline{PBF}$表示，用百分数表示。

抽油机电流平衡度按式(3.28)计算：

$$\overline{PBF} = \frac{I_{dm}}{I_{um}} \times 100\% \tag{3.28}$$

式中 I_{dm}——下冲程电动机最大电流，A；

I_{um}——上冲程电动机最大电流，A。

抽油机功率平衡度按式(3.29)计算：

$$\overline{PBF} = P_X / P_S \times 100\% \tag{3.29}$$

式中 P_X——下冲程电动机最大输入功率，kW；

P_S——上冲程电动机最大输入功率，kW。

3.1.3 井下系统计算方法

抽油泵排量系数计算方法按照 SY/T 6374《机械采油系统经济运行规范》的规定进行计算。

排量系数按式(3.30)计算：

$$\eta_v = \frac{Q_s}{Q_e} \tag{3.30}$$

式中 η_v——排量系数；

Q_s——油井实际产液量，m^3/d；

Q_e——井下泵的理论排量，m^3/d，按式(3.31)计算。

$$Q_e = 360\pi D^2 S N_s \tag{3.31}$$

式中 D——泵径，m；

S——光杆冲程，m。

3.1.4 系统效率计算方法

抽油机系统效率的计算包括单井系统效率计算和区块平均系统效率计算，按照 SY/T 5264《油田生产系统能耗测试和计算方法》的规定进行计算。

3.1.4.1 系统效率计算方法

抽油机系统效率定义为系统有效功率 P_Y 与系统输入功率 P_R 的比值，即式(3.32)：

$$\eta = \frac{P_Y}{P_R} \times 100\% \tag{3.32}$$

根据抽油机系统工作的特点，以光杆悬绳器为界，将抽油机系统效率分解为地面效率 η_D 和井下效率 η_J 两部分，即式(3.33)：

$$\eta = \frac{P_Y}{P_R} \times 100\% = \frac{P_Y}{P_{G光}} \cdot \frac{P_G}{P_R} \times 100\% = \eta_J \eta_D \tag{3.33}$$

抽油机系统的井下效率 η_J 是指抽油机系统的有效功率 P_Y 与光杆功率 P_G 的比值。P_Y 与 P_G 之差反映了井下摩擦、杆柱振动、惯性以及漏失等因素引起的功率损失。η_J 按式(3.34)计算：

$$\eta_J = \frac{P_Y}{P_G} \times 100\% \tag{3.34}$$

抽油机系统的地面效率 η_D 是指光杆功率 P_G 与抽油机输入功率 P_R 的比值，地面部分的能量损失发生在电动机、皮带、减速器和四连杆结构中，因此 η_D 按式(3.35)计算：

$$\eta_D = \frac{P_G}{P_R} \times 100\% = K\eta_1\eta_2\eta_3 \tag{3.35}$$

式中 K——有效载荷系统系数；

η_1, η_2, η_3——电动机、皮带及减速器、四连杆机构的效率(要进一步分解这三个效率值，需在电动机输出轴和减速器的输入和输出轴上贴电阻应变片，分别测量各点功率)。

3.1.4.2 被测区块采油系统平均系统效率计算方法

被测区块采油系统平均系统效率是指区域内采油系统总有效功率和总输入功率的比值，按式(3.36)计算：

$$\overline{\eta} = \frac{\sum_{i=1}^{m} P_{Yi}}{\sum_{i=1}^{m} P_{Ri}} \times 100\% \tag{3.36}$$

式中 $\overline{\eta}$——被测区块采油系统平均系统效率；

m——被测区块总采油井数；

P_{Yi}——第 i 口采油井的有效功率，kW；

P_{Ri}——第 i 口采油井的输入功率，kW。

3.1.4.3 被测区块采油系统平均能量利用率计算方法

被测区块采油系统平均能量利用率是指区域内采油系统总输出能量和总输入能量的比值，按式(3.37)计算：

$$\overline{\eta_E} = \frac{\sum_{i=1}^{m} E_{Oi}}{\sum_{i=1}^{m} E_{Li}} \times 100\% \tag{3.37}$$

式中 $\overline{\eta_E}$——被测区块采油系统平均能量利用率；

E_{Oi}——第 i 口采油井的输出能量，kW，由式(3.38)计算；

E_{Li}——第 i 口采油井的输入能量，kW，由式(3.39)计算。

$$E_{Oi} = \frac{(p_t \times 10^6 + \rho_L L_b g) Q}{86400000} \tag{3.38}$$

$$E_{Li} = \frac{[p_t \times 10^6 + (L_b - L_f) \rho_L g] Q}{86400000} + P_R \tag{3.39}$$

式中 L_b——下泵深度，m。

3.2 评价指标

3.2.1 配电系统评价指标

配电系统评价指标以 GB/T 16664《企业供配电系统节能监测方法》和 SY/T 6373《油气田电网经济运行规范》为准。

3.2.1.1　日负荷率合格指标

日负荷率合格指标见表3.1。

表3.1　日负荷率合格指标

连续性生产企业	三班制生产企业	二班制生产企业	一班制生产企业
$K_f \geqslant 90\%$	$K_f \geqslant 80\%$	$K_f \geqslant 55\%$	$K_f \geqslant 30\%$

3.2.1.2　变压器负载系数评价指标

（1）对于变压器单台运行时，达到 $\beta_Z^2 \leqslant \beta \leqslant 1$（$\beta_Z$ 为变压器综合功率经济负载系数）为合格。

（2）对于有两台或两台以上变压器并列运行时，应按设计的经济运行方式运行。

3.2.1.3　电网线损率评价指标

（1）110kV 和 66kV 系统，包括 110kV 和 66kV 输电线路及主变压器，线损率小于2%。

（2）35kV 系统，包括 35kV 输电线路及主变压器，线损率小于4%。

（3）10kV 和 6kV 系统，包括 10kV 和 6kV 配电线路及配电变压器，线损率小于6%。

3.2.1.4　变压器功率因数合格评价指标

根据SY/T 6275《油田生产系统节能监测规范》，变压器功率因数节能监测合格评价指标见表3.2。

表3.2　变压器功率因数节能监测合格指标

监测项目	评价指标	110kV/35kV或35kV/6(10)kV主变压器	一般生产用配电变压器	抽油机配电变压器
功率因数	合格	≥0.95	≥0.90	≥0.40

根据 GB/T 16664—1996《企业供配电系统节能监测方法》的规定,对电网实施无功补偿后,要求功率因数大于0.9。

3.2.2 地面系统评价指标

抽油机地面系统评价指标主要包含电动机评价指标、平衡度评价指标及系统效率评价指标,根据 SY/T 6275《油田生产系统节能监测规范》及 SY/T 6374《机械采油系统经济运行规范》的规定,地面系统评价指标见表3.3。

表3.3 抽油机地面系统评价指标

监测项目		限定值	节能评价值
电动机功率利用率		≥20%	—
电动机功率因数		≥0.4	—
平衡度$\overline{PBF}$		80%≤$\overline{PBF}$≤110%	—
系统效率	稀油井	≥18%/(K_1·K_2)	≥29%/(K_1·K_2)
	稠油热采井	≥15%	≥20%

表3.3中K_1为油田渗透率对机采井系统效率影响系数,取值见表3.4;K_2为泵挂深度对机采井系统效率影响系数,取值见表3.5。

表3.4 油田渗透率对机采井系统效率影响系数

油田类型	特低渗透油田	低渗透油田	中、高渗透油田
K_1	1.6	1.4	1.0

表3.5 泵挂深度对机采井系统效率影响系数

泵挂深度	<1500m	≥1500m~2500m	>2500m
K_2	1.00	1.05	1.10

3.2.3 井下系统评价指标

按照 SY/T 6374《机械采油系统经济运行规范》的规定,抽油机井下系统抽油泵排量系数的指标见表3.6。

表 3.6 抽油泵排量系数评价指标

监测项目	限定值
稀油井抽油泵排量系数	0.45
抽油井抽油泵排量系数	0.4

3.2.4 监测结果评价

配电系统监测结果评价按照 GB/T 16664《企业供配电系统节能监测方法》的规定，其他节能测试结果评价按照 SY/T 6275《油田生产系统节能监测规范》的规定进行评价。

(1)配电系统节能监测结果评价：全部监测指标同时合格，方可视为“节能监测合格企业配电系统”。

(2)节能监测合格设备评价：监测单台设备时，全部监测项目同时达到节能监测限定值的可视为“节能监测合格设备”。

(3)节能监测节能运行设备评价：被监测设备在达到“节能监测合格设备”的基础上，设备的效率指标达到节能评价值的可视为“节能监测节能运行设备”。

(4)节能监测合格系统评价：监测用能系统时，全部监测项目同时达到节能监测限定值的可视为“节能监测合格系统”。

(5)节能监测节能运行系统评价：被监测系统在达到“节能监测合格系统”的基础上，系统效率指标达到节能评价值的可视为“节能监测节能运行系统”。

3.3 机械采油系统能量损失分析

对于游梁式抽油机而言，由于能量在转换和传递的过程中，不可避免地会发生能量损失，所以有效功率一定小于输入功率，系统效率总小于1。根据能量守恒定律，输入功率应该等于有效功率(输出功率)与损失功率 ΔP 之和，即式(3.40)：

$$P_{R} = P_{Y} + \Delta P \tag{3.40}$$

式中 ΔP——抽油机系统损失功率，kW。

因此,系统效率 η 又可以用式(3.41)表达:

$$\eta = 1 - \frac{\Delta P}{P_{Y}} \tag{3.41}$$

由式(3.41)可见,抽油机系统效率只取决于损失功率与输入功率之比。在输入功率一定的条件下,抽油机系统损失功率 ΔP 越小,系统效率就越高;反之,系统效率就越低。由此可知,要提高机械采油井系统效率,就要努力减少系统各部分的能量损失。

根据游梁式抽油系统的组成情况,可以把游梁式抽油系统的能量损失分为8部分,如图3.1所示。

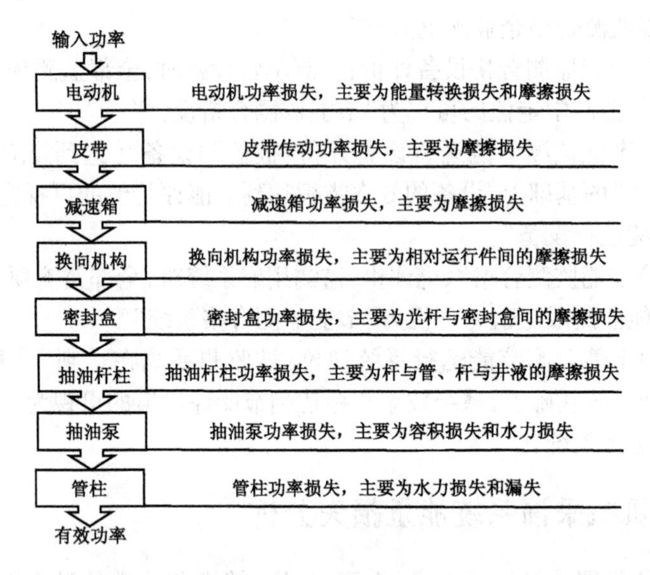

图3.1　机械采油系统能量传递与损失示意图

针对单井而言,构成油井的系统除抽油机外还有配电系统,配电系统能量损失同样会增加采油成本,因此,在进行节能监测时,配电系统损失也应该考虑在内。加上抽油机系统8个部分的能量损失,一共有9部分能量损失。

3.3.1 配电系统能量损失

配电系统能量损失是指从油田配电变压器输入端到抽油机电动机端的能量损失，这部分损失包括配电线路中各个元件所产生的功率损失和电能损失以及其他损失之和，统称为线路损失，简称线损。在油田配电系统中，线路损耗主要是变压器损耗，而变压器的损耗又包含无功损耗和有功损耗，他们是由变压器铁损和铜损引起的功率损耗。线损电量不能直接计量，是总供电量与抽油机电动机实际用电量之差，线损电量占供电量的百分比称为线路损失率，简称线损率，按式(3.6)计算。根据 GB/T 13462—2008《电力变压器经济运行》的规定，变压器有功功率、无功功率和综合功率损耗的计算需要考虑负载波动损耗系数对计算结果的影响，采用动态计算。变压器功率损耗的动态计算方法与变压器绕组有关，在此以双绕组变压器为例进行损耗计算，对于三绕组变压器损耗可参考 GB/T 13462—2008《电力变压器经济运行》进行计算。

3.3.1.1 有功功率损耗计算

变压器有功功率损耗按式(3.42)计算：

$$\Delta P_y = P_0 + K_T \beta^2 P_k \tag{3.42}$$

式中 ΔP_y——有功功率损耗，kW；

K_T——负载波动损耗系数，取值方式有计算法和查表法，可按照 GB/T 13462—2008《电力变压器经济运行》进行取值；

P_0——变压器空载功率损耗，kW；

P_k——变压器负载功率损耗，kW。

3.3.1.2 无功功率损耗计算

变压器无功功率损耗按式(3.43)计算：

$$\Delta P_w = Q_0 + K_T \beta^2 Q_k \tag{3.43}$$

式中 ΔP_w——无功功率损耗，kvar；

Q_0——变压器空载励磁功率,kvar;

Q_k——变压器负载漏磁功率,kvar。

3.3.1.3 综合功率损耗计算

变压器综合功率损耗按式(3.44)计算:

$$\Delta P_z = \Delta P_y + K_Q \Delta P_w = P_{oz} + K_T \beta^2 P_{kz} \tag{3.44}$$

式中 K_Q——无功经济当量,kW/kvar;

P_{oz}——变压器综合功率空载损耗,kW,按式(3.45)计算;

P_{kz}——变压器综合功率额定负载功率损耗,kW,按式(3.46)计算。

$$P_{oz} = P_0 + K_Q Q_0 \tag{3.45}$$

$$P_{kz} = P_k + K_Q Q_k \tag{3.46}$$

3.3.2 电动机功率损耗

电动机功率损耗包括无功损耗和有功损耗,在额定功率情况下,电动机效率较高,约在90%左右,而损耗约占10%左右。

由于游梁式抽油机的工作特性,电动机的输出功率将在抽油机的下死点和上死点出现两次瞬时功率极大值,在抽油机冲程中间出现两次瞬时功率极小值,导致电动机功率变化比较大,可能超过60%~100%,甚至在-20%~120%的额定功率范围内变化,导致电动机的效率降低,损耗增大。

电动机的综合功率损耗按式(3.19)计算。

现场实测结果表明,电动机功率损耗约15%,由此可见,电动机对抽油机系统效率的影响非常大。在选用电动机时,应尽可能选用额定效率且高效工作范围宽的电动机,可有效降低电动机功率损耗。

另外,提高其工作时的平均效率,应尽量使电动机工作时平均功率达到电动机额定功率的35%以上,同样可以降低电动机的功率损耗。然而,由于抽油机的启动特性,往往电动机功率选择偏大,功率利用率低,导致损耗增大。为合理配置电动机容量,提高功率利用率,同时又不影响抽油机启动,需要改变电动机的运转特性。比如采用Δ-Y型电动机,这种电动机启动时采用"Δ"形接法,这时电动机功率较大,等抽油机顺利启动后通过控制箱将接法改为"Y"形,降低额定功率,从而减小功率损失。

3.3.3　皮带传动损失

3.3.3.1　皮带传动损失的分类

皮带传动损失分两类,一类是与载荷无关的损失,主要包括以下四个方面:

(1)皮带弯曲损失,主要取决于皮带材质、结构、种类以及皮带轮直径。

(2)与皮带轮的摩擦损失,主要取决于皮带与皮带轮的匹配程度(尺寸误差)、皮带安装规范及动拉力。

(3)风阻损失。

(4)对于联组带传动,由于各皮带长度存在一定的误差,或安装不当导致载荷不均,致使某些皮带产生制动效果。

另一类是与载荷有关的损失,主要包含以下三个方面:

(1)弹性滑动损失,是由于皮带的弹性引起带与轮之间的滑动,是皮带的固有性质,不可避免。

(2)打滑损失,与皮带张力、摩擦系数等有关。

(3)皮带与轮槽间的径向滑动摩擦损失等。

3.3.3.2　皮带传动损失的计算

一般情况下,皮带传动损失以弯曲损失和弹性滑动损失为主。

(1)弯曲损失功率可用式(3.47)计算:

$$P_{zm} = \frac{E_b I}{r} \cdot \frac{\pi n}{30\alpha} \times 10^3 \tag{3.47}$$

式中　P_{zm}——皮带绕轮弯曲损失功率,kW;

E_b——皮带轮纵向弯曲弹性模量,MPa;

I——皮带截面惯性矩,mm;

r——皮带轮半径,mm;

n——转速,r/min;

α——包角,rad。

(2)弹性滑动损失功率可按式(3.48)计算:

$$P_{2s} = \frac{F^2 u}{E_L A} \times 10^{-3} \tag{3.48}$$

式中 P_{2s}——弹性滑动损失功率,kW;

u——带速,m/s;

A——皮带截面积,mm^2;

E_L——拉伸弹性模量,MPa;

F——有效拉力,N。

从式(3.47)及式(3.48)可知,增加皮带的拉伸弹性模量 E_L 和皮带轮的半径 r,并减少皮带的纵向弯曲模量 E_b 和截面惯性矩 I,是提高传动效率,减少皮带传动损失的主要途径。

3.3.3.3 皮带传动对比

表3.7中列出了各种皮带的传动效率。

表3.7 各种皮带的传动效率

皮带的种类	效率,%	皮带的种类	效率,%
平带	83~98	绳芯结构	92~96
有张紧轮的平带	80~95	窄V带	90~95
普通V带	—	多楔带	92~97
帘布结构	87~92	同步带	93~98

注:(1)合平带取高值;

(2)V带传动的效率与 d_1/h(d_1—小带轮直径,h—高)有关,当 $d_1/h=9$ 时取低值,当 $d_1/h=19$ 时取高值。

从表3.7中可以看出,皮带的传动效率最高可达98%,一般也在92%以上,因此,想进一步提高皮带传动效率,降低损耗的潜力已经非常有限。我国多个油田对各类皮带做了大量实验,结果表明,在我国现有的技术条件下,窄 V 联组带是值得推荐的传动带。

3.3.4 减速箱功率损失

3.3.4.1 轴承摩擦损耗

抽油机减速箱中有三副滚动轴承,轴承摩擦损耗可按式(3.49)计算:

$$P_{T} = 96.2 G u_{s} f \tag{3.49}$$

式中 P_T——轴承摩擦损耗,kW;

G——轴承承受的负荷,kN;

u_s——轴承的线速度,m/s;

f——摩擦系数,可参考表 3.8。

表 3.8 各类轴承的摩擦系数

轴承类型	f
单列向心球轴承	0.0022 ~ 0.0042
双列向心球轴承	0.0016 ~ 0.0066
单列向心推力轴承	0.002 ~ 0.005
单列向心短圆柱滚了轴承	0.0012 ~ 0.006

另外,润滑油对轴承损耗也有明显影响,减速箱缺油会导致摩擦增大,使轴承损耗增大,减速箱油脂过多同样会导致损耗增加,见表 3.9。当然,油脂添加应与检修期相适应。

表 3.9 油脂增加情况对损耗的影响

功率 kW	极数	轴承	损耗,W		
			油脂填满	填 30%	损耗差别
4	2	206,206	194	180	10
4	4	308,308	217.6	200	17.6
13,7	4/6	2309,309	324,312	312,300	12,12

在润滑良好的情况下，一副轴承的损失约为1%，因此，减速箱轴承损失约为3%。

3.3.4.2 齿轮损耗

抽油机减速箱中有三对齿轮，抽油机运行时，通过齿轮的减速比来降低速度增大转动力矩，因此，在此过程中，齿轮齿面之间会产生很大压力，并且，齿面在转动时会产生相对运行，导致摩擦损失，降低减速箱传动效率。

与轴承损失相似，适当加注减速箱润滑油，可有效降低减速箱齿轮损耗。

根据相关资料，一对齿轮传动损失约为2%，于是减速箱齿轮损失约为6%。

由此可见，抽油机减速箱在润滑良好的情况下总损失约为9%～10%，如果减速箱润滑不良，减速箱损失将增加，效率将下降，严重时导致减速箱机件磨损。

3.3.5 连杆机构功率损失

游梁式抽油机四连杆机构中共有三副轴承和一根钢丝绳。四连杆机构的损失主要包括轴承摩擦损失及驴头钢丝绳变形损失。

(1)轴承摩擦损失。

四连杆机构轴承损失与减速箱轴承损失类似，在润滑良好的情况下，三副轴承的功率损失约为3%。

(2)驴头钢丝绳变形损失。

钢丝绳俗称毛辫子，是用来连接光杆与驴头的软性连接件，在抽油机驴头上下运行过程中反复与钢丝绳接触发生挤压变形，同时由于抽油机悬点载荷的周期性变化，钢丝绳反复被拉伸，因此产生变形损失。

钢丝绳变形损失约为2%。

综合考虑轴承与钢丝绳，抽油机四连杆机构在润滑管理得当的情况下，能量损失约为5%。因此进一步提高四连杆机构的传动效率的潜力已经很小了。

3.3.6 密封盒功率损失

抽油机工作时,驴头载荷通过光杆传递到井内,为了对油井进行密封,防止喷油,采用密封盒与光杆配合完成井口密封。密封盒密封属于接触密封,密封效果与接触力有很大关系,接触力越大密封效果越好,同时摩擦力也越大,另外,摩擦力还与工作压力、工作温度、密封材质、运动速度等有关。

密封盒与光杆处摩擦力可按式(3.50)计算:

$$F = 9.8fK\pi dh_1p_t \tag{3.50}$$

式中 F——摩擦力,N;

f——摩擦系数,主要受密封圈材质与密封圈型式影响,变化范围较大;

K——系数,V 形夹织物圈取 $K=1.59$,其他密封圈取 $K=1$;

d——光杆直径,m;

h_1——密封有效高度,m;

p_t——密封处的工作压力,即井口油管压力,Pa。

式(3.50)是在井口对中的情况下摩擦力的计算公式,如果抽油机安装不对中,光杆与密封盒的摩擦力将成倍增加。另外,摩擦系数f影响因素较多,变化范围很大。试验测试结果表明,摩擦系数主要受密封材质的影响,不同填料材质(如橡胶与石墨),其摩擦力相差近10倍。

根据功率的定义,密封盒功率损失可按式(3.51)计算:

$$\Delta P_5 = Fu/1000 \tag{3.51}$$

式中 ΔP_5——密封盒功率损失,kW;

u——光杆运动速度,m/s。

由于摩擦力 F 影响因素较多,不确定性很大,因此要准确地确定密封盒功率损失 ΔP_5 很难,理论计算方法只作概略估计或定性分析之用,实际值只能靠实测或试验获得。

3.3.7 抽油杆功率损失

在抽油机抽汲过程中,抽油杆柱与油管、井液之间会产生摩擦力。

抽油杆与油管间的摩擦主要与油井本身斜度有很大关系，在斜井、定向井中，产生的摩擦力相对于直井而言要大得多。直井中的摩擦力主要是抽油机在下冲程时抽油杆发生弯曲与油管接触产生摩擦造成的。

由于摩擦力的作用方向总与抽油杆的运动方向相反，因此在上冲程时摩擦力增加了悬点最大载荷，下冲程时减少了悬点最小载荷，悬点载荷的变化幅度变大，这不但加大了抽油机的功率消耗，同时也破坏了抽油机平衡，进一步降低系统效率。

抽油杆与井液之间的摩擦力与井液特性有很大关系，对于低黏井液，摩擦力很小，可以忽略不计。当井液黏度达到上千毫帕秒时，抽油杆与井液之间的摩擦力可高达上万牛，此时摩擦力对悬点载荷的影响不可忽略。

抽油杆上产生的两种摩擦力具有同样的属性，都在上冲程增大载荷，下冲程减小载荷，最终导致示功图面积增大，增大功率损耗。但摩擦力的大小受很多因素影响，计算过程极其复杂，并且准确度低，只能靠实测或试验获得。

进行摩擦力损耗实测时需要同时测试地面和井下示功图，先按式(3.27)分别利用悬点示功图计算光杆功率 P_G 和泵功图计算抽油泵的输入功率 P_B，再按式(3.52)计算抽油杆损失功率。

$$\Delta P_6 = P_G - \Delta P_5 - P_B \tag{3.52}$$

式中　ΔP_6——抽油杆功率损失，kW。

3.3.8　抽油泵功率损失

抽油泵功率损失包括三部分：机械摩擦损失功率 P_j、容积损失功率 ΔP_v 和水力损失功率 P_h，即式(3.53)：

$$\Delta P_7 = P_j + \Delta P_v + P_h \tag{3.53}$$

3.3.8.1　抽油泵机械摩擦损失功率

抽油泵的机械摩擦损失功率主要是指柱塞与衬套之间的机械摩擦所产生的功率损失，一般情况下其值较小。

柱塞与衬套之间的摩擦力 F_j 可按式(3.54)计算：

$$F_j = 10\pi d\left(\frac{\Delta P\delta}{4} + \frac{1}{3}\frac{\mu L}{\sqrt{1-\varepsilon^2}}\frac{SN_s}{\delta}\right) \tag{3.54}$$

$$\varepsilon = e/\delta$$

式中 F_j——柱塞与衬套之间的摩擦力,kN;

ΔP——柱塞两端压差,MPa;

δ——柱塞与衬套间径向间隙,m;

d——柱塞直径,m;

μ——液体黏度,mPa · s;

ε——偏心率;

e——泵筒与柱塞载面圆心之间的距离,m;

L——柱塞长度,m。

摩擦损失功率按式(3.55)计算:

$$P_j = \frac{1}{3000}\pi d\left(\frac{\Delta P\delta}{4} + \frac{1}{3}\frac{\mu L}{\sqrt{1-\varepsilon^2}}\cdot\frac{SN_s}{\delta}\right)(S-\lambda)N_s \tag{3.55}$$

式中 P_j——摩擦损失功率,kW;

λ——冲程损失,按式(4.16)计算。

3.3.8.2 抽油泵容积损失功率

由于抽油泵柱塞与衬套之间存在很小的空间间隙,在抽汲时不可避免地会有井液漏失,由此引起的功率损失称为抽油泵容积损失功率。柱塞与衬套之间的漏失量按式(3.56)计算:

$$\Delta Q = \frac{B_L q}{2\eta_s\beta Q_e} \tag{3.56}$$

式中 ΔQ——柱塞与衬套之间的漏失量,m^3/s;

B_L——液体的体积系数,按式(4.15)计算;

q——柱塞向上运动时的漏失量,m^3/s,按式(4.23)计算;

η_s——柱塞冲程系数,按式(4.17)计算;

β——充满系数,按式(4.19)计算。

漏失损失功率 P_V 按式(3.57)计算：

$$P_V = 10^3 \frac{B_L q \Delta P}{2\eta_s \beta Q_e} \tag{3.57}$$

3.3.8.3 抽油泵水力损失功率

抽油泵水力损失功率主要是指原油流经泵阀时由于水力阻力引起的功率损失。流体流经泵阀的损失压差 ΔP_F 按式(3.58)计算：

$$\Delta P_F = 10^{-6} \sigma \rho Q_F^3 / (2A_F) \tag{3.58}$$

式中 Q_F——流体流经泵阀孔的流量，m^3/s；

A_F——泵阀阀座孔的面积，mm；

σ——流体流经阀球的阻力系数($\sigma = 2.5$)；

ρ——流体的密度，kg/m^3。

水力损失功率 P_h 按式(3.59)计算：

$$P_h = 10^{-3} \sigma \rho Q_F^3 / (2A_F^2) \tag{3.59}$$

抽油泵的三部分功率损失，在正常情况下，功率损失都较小。通过平台测试表明，对于低黏度油井，功率损失主要是漏失损失，对于黏度较高的油井，功率损失主要是机械摩擦损失。

3.3.9 管柱功率损失

油井管柱功率损失包括容积损失功率和水力损失功率，容积损失功率是由于管柱漏失引起的功率损失，水力损失功率是由于原油沿油管流动引起的功率损失。

3.3.9.1 管柱容积损失功率

造成管柱漏失的原因很多，最主要的原因是油管螺纹密封不好造成油管漏失以及螺纹损坏而漏失两方面。油管漏失产生的容积功率损失可按式(3.60)计算：

$$P_{gv} = 10^3 \Delta P_L \Delta Q_Y \tag{3.60}$$

式中 P_{gv}——容积损失功率，kW；

ΔP_L——漏失处的油管内外压力差,MPa;

ΔQ_Y——油管漏失量,m^3/s。

3.3.9.2 管柱水力损失功率

在抽油机上冲程时,抽油杆带动柱塞向上运行,此时游动阀关闭,液柱在柱塞的作用下沿油管向上流动,液柱与油管产生摩擦,引起水力损失。油管中沿程阻力损失按式(3.61)计算:

$$\Delta h_z = \sum_{i=1}^{m} \gamma_{ri} \frac{L_i}{d_{ri}} \cdot \frac{v_i^2}{2g} \tag{3.61}$$

式中 Δh_z——油管沿程阻力损失,m;

i——抽油杆极数;

γ_{ri}——与第 i 级抽油杆相应的油管沿程摩阻系数;

L_i——与第 i 级抽油杆相应的油管长度,m;

d_{ri}——与第 i 级抽油杆相应的油管的当量内径,m;

v_i——与第 i 级抽油杆相应的油管中液体流速,m/s。

管柱水力损失功率 P_{gh} 按式(3.62)计算:

$$P_{gh} = \Delta h_z \rho g Q_F / 1000 \tag{3.62}$$

则管柱功率损失按式(3.63)计算:

$$\Delta P_g = P_{gv} + P_{gh} \tag{3.63}$$

4　机械采油系统节能降耗技术

在油田生产耗能中，机械采油耗电量占油田总量的40%。虽然各大油田都在推广使用节能型抽油机以及抽油机辅助配套节能产品，但目前油田在用的抽油机多数仍为常规游梁式抽油机和偏置游梁式抽油机，游梁式抽油机的负载特性使抽油机井的运行处于低效状态。我国常规型游梁抽油机平均系统效率不到23%，美国常规型抽油机系统效率为46%，国内一些先进油田的系统效率仅能达到35%，而系统效率每提高1%可节电约3%。国内外的研究表明，影响机械采油系统的因素较多，它不仅受机械采油设备的影响，而且还受油井管理水平的影响。

4.1　配电系统节能技术

线损率是反应配电系统能量损失的重要指标，减小线损率，对抽油机系统来说一样可以节约采油成本，降低采油单耗。

4.1.1　降低线损率措施

由式(3.6)可知，配电线路越长，线损率越高，配电变压器越多，线损率越高。因此，应合理设置配电变压器位置，使其处于负荷中心的最佳位置。并且，导线截面积越大，线损率就越小，但会增加线路投资，因此，需按照经济电流的密度选择供电线路的截面面积。

在油田配电系统中，线路损耗主要是变压器损耗。合理配置和管理变压器，是油田节能降耗的工作之一。另外，根据负荷变化，适时调整输配电变压器的台数和容量，以提高变压器的利用率。

提高变压器和电动机功率因数，降低无功功率。因为，无功功率越高，线路的电压损失就越大，线损率就越高，反之，线损率越低。根据SY/T 6373《油气田电网经济运行规范》的规定，油气田电网应采取无功补偿，无功补偿器是提高电网功率因数降低配电变压器损耗及线路损耗的装置。为配电网配置合理的无功补偿装置,可最大限度地降低电网损耗,提高供电质量。

4.1.1.1 无功优化补偿方法

根据 SY/T 6373《油气田电网经济运行规范》的规定,油气田电网无功补偿方法按以下方法进行。

(1)无功补偿的目标和约束。

补偿目标按式(4.1)计算:

$$I_{SY} = E_e P_{JS} - (K_a + K_b)(M_a + aM_b) \tag{4.1}$$

约束条件见式(4.2):

$$U_{min} \leqslant U_i \leqslant U_{max} \tag{4.2}$$

式中 I_{SY}——净节约现值,元;

E_e——有功电价,元/(kW·h);

P_{JS}——由于增设补偿电容而减少的电能损耗,kW·h;

K_a——补偿设备年折旧维修率,用百分数表示;

K_b——补偿设备年投资回收率,用百分数表示;

M_a——单台标准电容器的价格,元;

M_b——补偿电容的固定投资,元;

a——0 或 1,0 表示重复补偿,1 表示第一次补偿;

U_i——补偿点的电压,kV;

U_{min},U_{max}——所允许的电压下限值和上限值,kV。

(2)无功优化补偿步骤:

① 从一条分支线路的最末一个节点开始,当校验该点补偿一个最小标准容量电容器组时,各负荷电压超过上限值,则转移到同一分支线路上往变电所方向的下一个邻近节点,做相似计算。

② 如果节点 i 补偿第 j 组标准电容器时电压满足要求,则计算其补偿后获得的净节约值;如果净节约值为负,则去掉该补偿点。

③ 对下一个节点同样计算净节约值,并与前一个节点的净节约值比较,如果在该点补偿的净节约值低,则前一个节点可作为初选的

可能补偿点;否则重复本步计算。

④ 对全部节点重复上述步骤,即可得到净节约值最大的点,初步确定第 j 组电容器安装的地点。

⑤ 根据现场实际情况,校验第 j 组电容器的安装位置是否需要修正。

⑥ 在已确定的电容器起作用的情况下,重复上述步骤,直到找不到任何补偿点为止,寻优结束。

4.1.1.2 实测跟踪法的无功补偿应用

2009 年,国内某油田在近百口油井上进行了无功功率实测跟踪法的动态补偿试验[1],试验结果表明,设备不仅无故障运行了两年,而且与其他方式的无功补偿器相比,补偿效果明显,功率因数达到了 0.85 以上,而采用其他方式的无功补偿器,累计功率因数最高为 0.6。单井测试数据表明,无功功率实测跟踪法的无功补偿器节能约 4%。

无功补偿器一般采用功率因数跟踪原理,但实际测试结果表明,功率因数跟踪法无功补偿效果并不理想,经常出现过补偿,补偿不稳定,导致补偿电容和晶闸管容易损毁。其根本原因在于,当补偿器投入一部分补偿量后,若功率因数仍达不到补偿器要求,则系统将继续增加补偿量,直到发生过补偿时系统才将后追加的补偿电容切除掉。毫无疑问,该方法易造成一补偿就过补偿,补偿电容不停地处于补偿—切除—补偿的状态。

与采用功率因数跟踪原理的无功补偿器不同的是,无功功率实测跟踪法的无功补偿器的补偿依据是无功功率缺额大于一组电容器的补偿量,这样不至于刚投入一组电容器便发生过补偿。另外,值得注意的是,电容器的容量并不是定值,它与工作电压有关,工作电压高于额定电压时,电容量大于额定电容量,反之小于额定电容量。因此,在进行无功补偿时,不能按电容器额定容量进行补偿,需要根据实际工作电压重新计算电容器的实际补偿量。

电容器实际补偿量按式(4.3)计算:

$$Q_C = Q_{Ce}(U/U_e)^2 \tag{4.3}$$

式中 Q_{Ce}——电容器额定补偿容量,kvar;

U——实际工作电压,V;

U_e——电力电容器的额定电压,V。

由于在测试过程中会存在一定的误差,为保证系统的稳定性,计算结果应保留一定的误差容量,避免电容器一投入就过补偿。这样一来,无功补偿器补偿量更加准确,使抽油机系统运行更加平稳。

4.1.2 节能变压器

在油田生产电能损耗中,配电变压器损耗占到很大比例,淘汰非节能型变压器,合理匹配变压器容量,使其运行在经济负荷区,是油田配电系统节能降耗的有效途径之一。因此,应从加强油田用能管理入手,强化供配电系统的测试与分析,加大油田配电系统的节能技术改造力度,对在用变压器进行节能评价,逐步淘汰耗能高的变压器,降低变压器能源损耗,提高能源利用率。

目前,我国大部分老油田使用的仍然是 S7 等型的高耗能变压器,而 S11 等型变压器的使用比例并不高。

油田配电变压器经历半个多世纪的发展,产生了很多典型的变压器。热轧硅钢片变压器,又被称为“64”型变压器,是 20 世纪五六十年代生产的老产品,其损耗高、效率低、性能差;随后又发展为冷轧硅钢片变压器,又称“73”型变压器;20 世纪 80 年代中期出现了一些在当时属于低损耗的节能型变压器,如 S7 型;至 20 世纪 90 年代末期,随着冷轧硅钢片材料性能的提高以及新技术、新结构、新工艺的应用,S9 型变压器以更低的损耗,开始取代 S7 型。

近 10 年来,通过在变压器铁芯方面的创新,S11 型、S13 型变压器逐步取代了 S7 型、S9 型变压器,成为目前油田节能变压器应用的主力军。非晶合金变压器是目前最先进的油田节能变压器,包括 SH14 型、SH15 型、SH16 型。

随着油田节能改造力度的加大和精细管理的深入开展,由于节能变压器具有良好的节能效果,而得到了广泛的推广应用。选用变压器时,变压器节能效果只是一方面,关键是应用后的经济效益。

4.1.2.1 S11 型节能变压器

S11 型节能变压器属于油浸式变压器，与传统变压器不同之处在于：S11 型采用封闭式整体铁芯，是由硅钢带连续绕制后经退火处理而制成。因此，这种铁芯无接缝气隙，产生噪声小。与 S9 型变压器比，空载损耗下降 30%，而与 S7 型相比，节电量提高 35%。由于 S11 型节能变压器技术比较成熟，价格便宜，并且经济技术指标比较先进，因此，目前国内油田应用量越来越多。

4.1.2.2 S13 型节能变压器

S13 型节能变压器相对于 S11 型在铁芯上做了改进，采用立体卷铁芯结构，与同容量 S7 型变压器相比，其空载电流下降达 85%，噪声下降 8dB，空载损耗下降约 55%，负载损耗下降约 33%。但相比 S11 型，价格高出不少。

4.1.2.3 非晶合金变压器

非晶合金变压器铁芯由非晶态合金制造，空载损耗比普通的变压器降低了 3/4。非晶合金变压器具有诸多优点：体积小，重量轻，维护方便，使用寿命长，运行安全、可靠；另外，具有低损耗、过负载能力大、承受热冲击强、低噪声、对温度和灰尘不敏感的特性。非晶合金系列变压器有 SH14 型、SH15 型、SH16 型，它们适合运用于防火要求高、负荷波动大以及环境潮湿恶劣的地方。但该类变压器目前市场价格较高，油田应用较少。

4.1.2.4 现场应用与效果分析

某油田对节能型变压器进行了现场应用测试[2]，测试结果见表 4.1。

表 4.1 节能变压器对比测试

变压器类别	S11 型	S13 型	非晶合金
平均损耗率	约 11%	约 3%	约 2%

由表 4.1 可知，节能变压器中 S11 型平均损耗率最高，S13 型次

之,非晶合金变压器平均损耗率是最低的。节能变压器的损耗率还与变压器负载率和负载功率因数有关,变压器负载率越高,其自身的损耗率就越低;反之,损耗率就越高。变压器负载侧功率因数高,其损耗率就低;反之,损耗率就越高。因此,合理配置节能变压器使其运行在经济运行区和保证负载侧较高的功率因数是降低变压器损耗率的有效措施。

4.1.2.5　综合评价

(1)从变压器的可靠性分析,S11 型变压器技术最成熟,质量更可靠,维修、维护简单方便,而且维护费用低。另外,与 S13 型节能变压器和非晶合金变压器相比,价格上要便宜不少。

(2)从损耗率分析:在同负载率情况下,S11 型变压器平均损耗率最高,S13 型次之,非晶合金变压器平均损耗率最低。

(3)从综合性价比分析:S11 型价格最便宜,损耗率最高;S13 型价格略高,损耗率很低;非晶合金变压器市场价较高,其损耗率最低,效率最高。因此,综合考虑投入价格和平均损耗率,S13 型节能变压器是现场使用最经济节能的变压器。但从长远看,非晶合金变压器是未来节能变压器应用发展的方向。

4.1.3　变压器容量调整

油田在初建阶段,变压器容量的选择是通过能效经济评价方法(简称 TOC 方法)及变压器经济运行规范并结合抽油机载荷来确定的。但随着油井的运行和井况的变化,最终导致配电变压器容量不符合经济运行要求,损耗增加。或者因为油田开展节能降耗措施,使电动机需求功率下降,变压器负载率变低,导致变压器损耗率升高(这与开展节能降耗措施的初衷不相符)。在此情况下,可通过 TOC 方法重新计算配电变压器所需的配置容量,使变压器在经济效益最高的状态下运行。

变压器容量调整的最佳方式是在油田内部对不同容量的变压器进行合理调度,在不增加油田投入的情况下又能降低配电系统损耗。

4.1.4　变压器调度运行节能技术

变压器容量调整有两种方法:一种是直接更换容量不同的变压

器;另一种是当一台变压器容量不够时又没有更大容量的变压器可供选择时,则可以将两台或两台以上变压器并联,此时并列后的多台变压器相当于一台组合式变压器,从而满足配电变压器经济运行[3]。第二种方法虽然能实现变容的目的,但组合后的变压器空载损耗和励磁功率等于各台变压器空载损耗和励磁功率之和,变压器损耗较之组合前更高(故,此法仅限于临时措施)。

当一台变压器单列运行时,其综合功率损耗按式(4.4)计算:

$$\Delta P_{ZA} = P_{OZA} + \left(\frac{S}{S_N}\right)^2 P_{KZA} \tag{4.4}$$

式中 ΔP_{ZA}——单列运行综合功率损耗,kW;

P_{OZA}——单列运行空载损耗,kW;

P_{KZA}——单列运行额定负载损耗,kW;

S——系统负载容量,kV·A;

S_N——变压器额定容量,kV·A。

当两台变压器并列运行时,其综合功率损耗按式(4.5)计算:

$$\Delta P_{ZAB} = P_{OZAB} + \left(\frac{S}{2S_N}\right)^2 P_{KZAB} \tag{4.5}$$

式中 ΔP_{ZAB}——两台并列运行综合功率损耗,kW;

P_{OZAB}——两台并列运行空载损耗,kW,由式(4.6)计算;

P_{KZAB}——两台并列运行额定负载损耗,kW,由式(4.7)计算。

$$P_{OZAB} = P_{OZA} + P_{OZB} \tag{4.6}$$

$$P_{KZAB} = P_{KZA} + P_{KZB} \tag{4.7}$$

式中 P_{OZB}——第二台变压器单列运行空载损耗,kW;

P_{KZB}——第二台变压器单列运行额定负载损耗,kW。

令 $\Delta P_{ZA} = \Delta P_{ZAB}$,求出单列或并列运行变压器临界负载容量 S_{LZ},见式(4.8):

$$S_{LZ} = 2S_N \sqrt{\frac{P_{OZB}}{3P_{KZA} - P_{KZB}}} \tag{4.8}$$

因此,可以根据式(4.8)画出单列及并列运行特性曲线,如图4.1和图4.2所示。

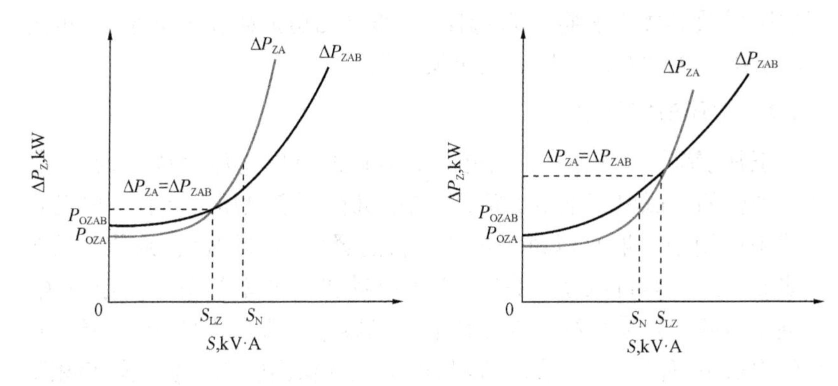

图4.1 单列运行特性曲线

图4.2 并列运行特性曲线

从图4.1可以看出,当 $P_{OZB} < \frac{3P_{KZA} - P_{KZB}}{4}$ 时,$S_{LZ} < S_N$,在此情况下当 $S < S_{LZ}$ 时,单台变压器运行比较经济;而当 $S > S_{LZ}$ 时,两台变压器并列运行比较经济。

从图4.2可以看出,当 $P_{OZB} > \frac{3P_{KZA} - P_{KZB}}{4}$ 时,$S_{LZ} > S_N$,则变压器满载前单台变压器运行比较经济。

4.2 电控箱节能技术

抽油机电控箱是抽油机运行的重要部件,电控箱性能的好坏直接影响着抽油机的系统效率,合理配置电控箱是提高抽油机系统效率、减少电网无功损耗的重要途径之一[4]。

随着油田的开采,产油量日益降低,为保证油田采油量,油田对电能的需求越来越大,加上游梁式抽油机的运转特性,随着抽油机载荷的增大,电动机功率变化范围也增大,由于三相异步电动机的硬特性,导致损耗率也会增大,同时会加速抽油机各系统部件的损坏,不仅给油田生产管理工作带来困难,而且对油田节能降耗工作也十分不利。

为此，出现了多种节能配电箱技术，但不同的配电箱技术又有不同的适用范围和优缺点。因此，抽油机电控箱的选择应根据单井的实际生产情况以及其优点和特点来选择，比如对无功损耗较大的系统，可为电动机配置无功补偿装置以减小无功损耗。

4.2.1 调压节能技术

正常情况下，供给抽油机电动机运行的电网电压是固定的，以保证电动机的励磁电流基本恒定，即电动机在额定电压下运行。电动机在油田应用中一般是以最大负荷进行选择的，容量偏大，致使电动机并非处于经济运行状态。另外，由于电动机的效率与负载大小有关，在额定负载下效率最高。因此在电动机容量偏大的系统中，正常运行时效率低下，原因在于：在轻载时，电动机的输出转矩与负载转矩相平衡，定子电流中的有功分量减少，导致功率因数降低；而与定子电压有关的各种损耗基本不变，因此，致使效率也降低。

根据以上分析可知，电动机处于轻载时，降低电动机定子输入电压可保证正常运转的同时，使励磁电流和有功损耗都能降低，从而使功率因数和效率都得到提高。实际上，调压节能技术就是改变电动机的容量，使电动机始终处于经济运行状态。

调压的方式有多种，比较常用的调压方式有 Y－Δ 转换调压和微电脑控制自动调压等，但不同的调压方式有不同的效果和适用条件。

4.2.1.1 Y－Δ 转换调压

（1）工作原理：Y－Δ 转换调压节电技术是一种有级调压，其可调范围只有两个电压点，即 380V 和 220V 电压。由于电动机在启动抽油机时处于最大负荷，通过电控箱将电动机定子绕组变换为三角形接法，即 Δ 接法，如图 4.3 所示，此时电动机定子电压为 380V。当抽油机正常启动后，若负载率低于 30%，电控箱可将原来为三角形接法的定子绕组切换至星形接法，即 Y 接法，如图 4.4 所示，使定子电压由 380V 变为 220V，从而达到调压节电的目的。ZJK 型智能节电控制器就是采用 Y－Δ 转换调压节电技术的电控箱。

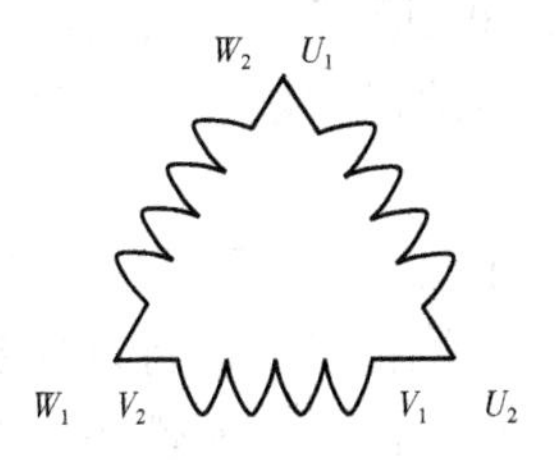

图 4.3　三角形(Δ)接法

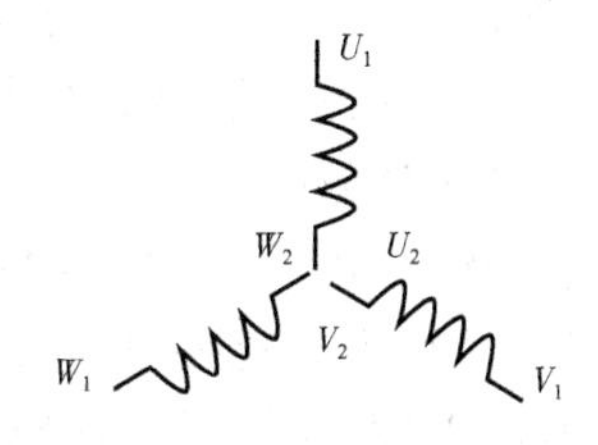

图 4.4　星形(Y)接法

(2)技术优缺点:

① 优点:抽油机启动后正常工作时,通过电控箱中的开关元件将电动机的定子绕组由三角形接法切换成星形接法,即三角形—星形的混合绕组,降低了相电压及输入功率,使电动机在 220V 电压运转,控制电路简单,成本较低。

② 缺点:调压范围很窄,启动电压为固定值,不能按实际需求进行调节,只适用于正常运转时定子绕组按 Y 接线的异步电动机,并且调压变换幅度较大,不适合频繁调压使用;另外,其防盗性能差。

(3)适用范围:只适用于负载较轻的抽油机井。

4.2.1.2　微电脑控制电动机节电器

(1)工作原理:微电脑控制电动机节电器所遵循的节能机理是最小电耗法,系统内部集成了微电子相位检测、电流闭环跟踪检测、自动调压变流供电模块,并结合内置的专用节电优化控制软件,动态调整电动机运行工程中的电压和电流,在不改变电动机转速的条件下,保证电动机的输出转矩与负荷需求精确匹配,从而有效避免电动机功率过大造成的电能浪费。与此同时,还能提高电动机的效率,降低损耗率。

(2)技术优缺点:

① 优点:采用电流闭环反馈系统,可以在低电压、小电流下频繁启动,并且可根据负载转距的大小适当调节启动电流和启动时间,使电动机启动电流始终维持在设定范围内,消除启动时的冲击电流,使抽油机平滑启动。同时,也可降低抽油机传动系统启动时的机械冲

击,延迟设备寿命。另外,当电动机发生缺相、断相、过流、过热、过压等时,控制系统可及时做出判断并准确可靠地保护电动机,完全可取代电动机综合保护器。

② 缺点:由于系统中的自动调压变流供电模块调压方式是控制导通角,这种方式是控制可控硅在不断的开关状态下运行,可控制中的电流冲击较大,容易造成电路板、继电器、可控硅等元件的烧坏,严重时可能烧毁电动机;另外,该电控箱有节电和旁路两种状态,当节电系统出现故障时,系统自动启动旁路状态,使电动机在非节电的情况下运行。但实际应用中发现,即使启动了旁路,仍然会有电路问题出现。此时若无配件,便只能更换电动机保护器。

(3)适用范围:适用于电动机装机功率大,但功率利用率低的抽油机井。

4.2.2 断续供电技术

(1)工作原理:断续供电技术是一种电动机间断供电方法。该方法控制原理简单,只是在不同时段根据系统的需要切断或控制电动机通电,使电动机不需要输出的时候停止供电,从而起到节电的作用。对于抽油机系统来说,由于抽油机在一个工作周期中会出现一次拖动电动机转动的情况,使电动机处于发电状态。但实际上电动机发出的电并没有完全被电网使用。因此,在轻载或发电的时间段,电控箱使电动机断电将造成抽油机凭惯性及势能释放继续运行;当抽油机载荷增加,发电状况消除后再次接通电动机电源。

ADEC 型抽油机电动机自适应动态节能控制器便是一种采用断续供电技术的电控箱。

(2)技术优缺点:

① 优点:ADEC 型通过自适应控制解决了断电后再通电时的电流冲击问题,使得断电后在通电时电动机冲击电流小;另外,控制箱除了具有断续供电功能外,还具有星角转换供电、电容动态补偿等五种控制方式,使得电动机对工况的适应性更强。

② 缺点:由于断续电控制方式使电动机处于不停启停的运行状态,电流冲击对电动机存在伤害,同时抽油机系统的机械冲击也比较

大,对抽油机系统寿命有一定影响;防盗性能也差。

(3)适用范围:由于这种控制方式对电动机及抽油机系统没有特殊要求,因此其使用范围广,从户内到户外各种环境。另外,对低温有很高的适应力,可在零下45℃的环境温度内安全可靠地使用。ADEC型节能控制箱适用于额定功率在75kW及以下的三相异步电动机。

4.2.3 智能软启动控制技术

(1)工作原理:智能软启动控制技术采用目前最先进的智能负载检测与跟踪技术,并结合无线通信技术对抽油机的工况变化进行实时监测,监测数据通过无线网络传回管理中心服务器,服务器对数据处理后进行抽油机运行参数的优化匹配,最终将优化结果发回电动机控制器,从而起到实时动态调整电动机的输出功率,确保电动机的输出功率与实时负载相匹配,使电动机功率利用率保持较高水平。

智能软启动控制技术实质上是通过增宽电动机运行的高效区间,使电动机始终处于经济运行状态,提高电动机系统效率,从而有效减低铜损、铁损;在电动机启动、停机时,降低定子电压和电流,使启动和停机过程比较平滑,达到最佳有功节电效果。

(2)技术优缺点:

① 优点:系统可自动检测负载状态,经过微处理器进行比较和运算,并经远程优化匹配后,改变其输出电压和电流,在不改变电动机转速的情况下,使电动机输出功率与负载的状态相平衡,达到节能的效果;可保证电动机连续平滑地启动,减少电耗和启动转矩对电动机及传动部分的损害,延长了电动机及传动设备的使用寿命。另外,电动机平滑的启动和停机过程可减少电流对电网质量的影响;控制器还具有遥控启停功能,可通过现场红外遥控外,还可通过远程控制中心进行控制,同时具有手动/自动开机、关机功能,可实现远程防盗及报警。

② 缺点:由于电控箱箱门通过电子系统控制,一旦电子系统出现故障后电控箱箱门打不开,对控制和维修带来很大麻烦。

(3)适用范围:由于系统具有很好的防盗功能,因此也适合野外使用,从节能角度分析,该设备可以应用到所有非机电一体化的抽油机上。

4.2.4 变频调速技术

电动机调压节能技术都是通过调节电动机定子电压来降低电动机功率,但是,电动机转速保持不变。对于变频器而言,是通过改变电动机转速以适应抽油机运转特性的方式实现节能的。

虽然变频调速装置种类较多,但工作原理基本上大同小异,在此以直控式抽油机柔性拖动控制器为例,介绍抽油机变频调速技术。

(1)工作原理:直控式抽油机柔性拖动控制器变频器采用 IGBT 模块作为输出的关键器件,其工作原理是:首先将 380V 交流电网电压经过整理滤波,转换为直流,再经交流逆变器将直流电转换为交流电。不同之处在于,最终转换出来的交流电其电压、频率都可以控制,不仅可控制电动机功率,而且还能改变电动机运行转速,从而调整抽油机井的抽汲参数及输出功率,在满足地层供液变化需要的同时,达到节能降耗的目的。

控制电路采用高性能的微处理器,实现快速和高精度的性能。变频装置具有“工频、变频、柔性拖动”可选运行模式,以便适应不同工况的要求。

(2)技术优缺点:

① 优点:可使电动机拖动功率趋于平稳,启动时没有冲击电流,抽油机传动机构也没有机械冲击。在抽油机最大载荷时,通过降低电动机转速,在抽油机最小载荷时,加快电动机转速,从而使电动负荷变化范围减小,降低电动机损耗。另外,抽油机启动时性能得到改善,因此可降低抽油机电动机的装机功率,节能效果明显。

② 缺点:变频调速控制柜在一定功率范围内可以起到节能作用,当抽油机的负载率超过 80% 时,变频调速系统不仅起不到节能作用,而且浪费电能。另外,变频器在工作时会产生高次谐波,对电网产生严重污染,使电网质量变差,影响电网内以及附近电器设备的安全运行。

(3)适用范围:运行参数已调到最小,但仍然供液不足的油井;电动机功率利用率低于 50% 的抽油机井。

4.2.5　节能电控箱综合评价

某油田对五种不同的节能控制器进行了对比试验，测试结果见表4.2。

表4.2　节能电控箱使用情况对比

项目	安装井数	平均节电率 %	成本 万元	投入产出比	投资回收期 年
ZJK型智能节电控制器(星角变换)	135	8.5	0.286	1:22.32	0.45
微电脑控制电动机节电器(智能相控调压)	60	10.81	2.71	1:2.21	4.52
ADEC型断续供电节能控制器(断续供电)	58	9.81	1.65	1:2.19	4.56
YFRJ－I－200A型智能软启动控制器(智能调压软启动)	50	18.19	2.9	1:2.38	4.21
直控式抽油机柔性拖动控制器(变频调速)	374	17.2	4.7	1:2.43	4.11

注：测试数据按照电价0.57元/(kW·h)，电控箱预计使用寿命10年计算所得。

从表4.2可以看出，YFRJ－I－200A型智能软启动控制器具有最高的节电率，ZJK型智能节电控制器节电率最低，但从投资回收期来看，ZJK型智能节电控制器的投资回收期远远低于其他电控箱，具有最高的经济效益。因此从不同角度分析，各种电控箱都具有自身的优势，而且电控箱的节电效果与井况也有联系，针对不同的油田，节电效果可能有一定差异，节能电控箱的节电效果需要根据自身油田情况进行测试，表4.2中的数据仅作参考。

从技术角度讲，电控箱系统越复杂，出现故障的可能性越高，就目前油田的管理水平，电控箱结构越简单越好。但随着技术的发展和油田管理的完善化，电控箱越节电越好。具有远程监控的变频控制方式是未来电控箱的发展趋势。

4.3 电动机节能技术

游梁式抽油机在工作过程中其载荷是带冲击的周期性交变载荷，而与游梁式抽油机相匹配的油田常用三相异步电动机按恒定载荷设计制造的工作特征不相匹配。油田常用的三相异步电动机在额定载荷范围内，其理论效率为90%左右。由于抽油机在启动时具有比正常运行更大的启动载荷，因此，为了顺利启动抽油机，常按抽油机最大负荷来选配电动机，这样，势必造成电动机功率偏大。一般情况下，抽油机正常运行时，平均负荷只有最大负荷的30%左右，因此电动机功率利用率低，大大降低了电网的功率因数和电动机的效率，增加了无功消耗。另外，三相异步电动机转速随载荷变化不大，而抽油机交变载荷增加了电动机的损耗，便会大大降低抽油机系统的地面效率。

近年来，节能电动机在油田的应用越来越广，并能够更好地匹配抽油机特性，具有更为明显的节能效果。常用的节能电动机有永磁电动机、超高转差电动机、多功率电动机、变极多速电动机（有时也叫双速双功率电动机）等。在应用节能电动机的同时，大多数油田为了提高闲置资产利用率也会开展常规电动机的节能改造。

电动机的更换以及改造都需要遵循 GB/T 12497《三相异步电动机经济运行》的规定。

4.3.1 开关磁阻电动机

为了解决常规三相异步电动机不能调速、带载启动能力差、偏离额定功率点后，效率和功率因数下降很快的问题，近10年来，节能电动机发展迅速，在油田取得了良好的经济效益和社会效益，在此以节能效果显著的开关磁阻电动机（SRM）为例进行说明。

开关磁阻电动机是继变频调速系统、无刷直流电动机调速系统之后发展起来的最新一代无级调速系统，是集现代微电子技术、数字技术、电力电子技术、红外光电技术及现代电磁理论、设计和制作技术为一体的光、机、电一体化高新技术。它具有调速系统兼具直流、交流两类调速系统的优点[5]。

4.3.1.1 系统组成结构

系统主要由开关磁阻电动机(SRM)、功率变换器、电流检测器、位置检测器、控制器五部分组成,如图4.5所示。

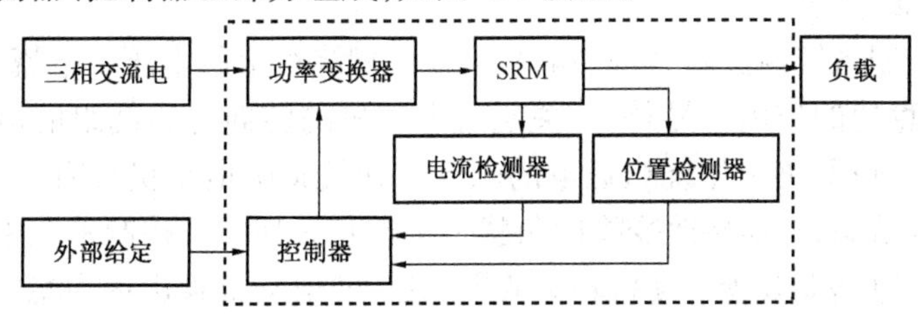

图4.5 开关磁阻电动机系统组成结构图

4.3.1.2 开关磁阻电动机原理

开关磁阻电动机调速系统(SRD)采用的开关磁阻电动机(SRM)是实现机电能量转换的部件,它的结构和原理与传统的交直流电动机有着根本的区别,开关磁阻电动机系双凸极可变磁阻电动机,其定子、转子的凸极均由普通硅钢片叠压而成,转子既无绕组也无永磁体,定子极上绕有集中绕组,径向相对的两个绕组相互连接起来,称为“一相”,并且可以设计成多种不同相数结构,定子、转子的极数也可以有多种搭配。但该电动机必须与控制系统配套使用,缺一不可。其原理如图4.6所示,图4.6是四相8/6级电动机典型结构中的一相。相数越多,步距角越小,有利于减少转矩脉动,但相数越多,结构越复杂,成本也会越高。

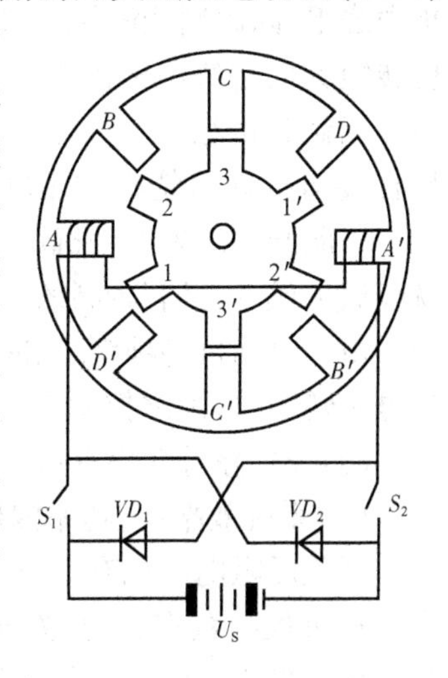

图4.6 开关磁阻电动机原理

开关磁阻电动机调速系统属于转速电流双闭环控制系统,运行原理遵循“磁阻最小原理”,即磁通总要沿着磁阻最小的路径闭合,而具有一定形状的铁心在移动到最小磁阻位置时,必使自己的主轴线与磁场的轴线重合。

控制系统通过脉宽调制电路调节三相绕组上的电压和电流,实现调速、稳速的作用。另外,开关磁阻电动机的转向与相绕组的电流方向无关,仅取决于相绕组通电的顺序。开关磁阻电动机具有转动、制动两种状态,只需要改变换向角就可实现状态切换。控制系统中的电流限幅电路能改善电动机转矩的平稳性,使电动机输出更为稳定。另外,控制电路还有多种保护功能,确保系统安全工作。

4.3.1.3 主要特点

(1)结构简单、系统可靠性高。

从机械结构分析,转子上没有任何形式的绕组,定子上只有几个集中绕组,因此制造简便,绝缘结构简单。从电路结构分析,因为电动机转矩方向与绕组电流方向无关,即只需单方相绕组电流,故功率电路可以做到每相一个功率开关,并且,调速系统中每个功率开关器件均直接与电动机绕组相串联,根本上避免了变频电路的直通短路现象。因此开关磁阻电动机调速系统中功率电路的保护电路可以简化,既降低了成本,又有较高的工作可靠性。

由于电动机各项绕组和磁路相互独立,各自在一定轴角范围内产生电磁转矩,再加之控制电路各相分别控制、相互独立,当某一相绕组出现问题时,除总功率有所下降外,并无其他妨碍。

(2)系统效率高,功率因数高,调速范围广。

开关磁阻电动机有两方面的特性:一是电动机绕组无铜损;二是电动机可控参数多,灵活方便,易于在宽转速范围和不同负载下实现高效优化控制。因此开关磁阻电动机调速系统效率能达到90%以上,功率因数达到0.95以上。与变频调速系统相比,开关磁阻电动机调速系统要高出近10%。图4.7和图4.8分别为开关磁阻电动机和三相异步电动机的功率、效率、功率因数关系曲线图。

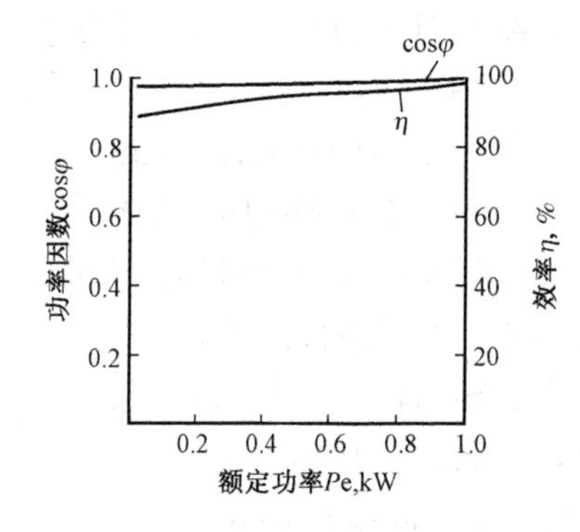

图 4.7 开关磁阻电动机功率、效率、功率因数关系曲线

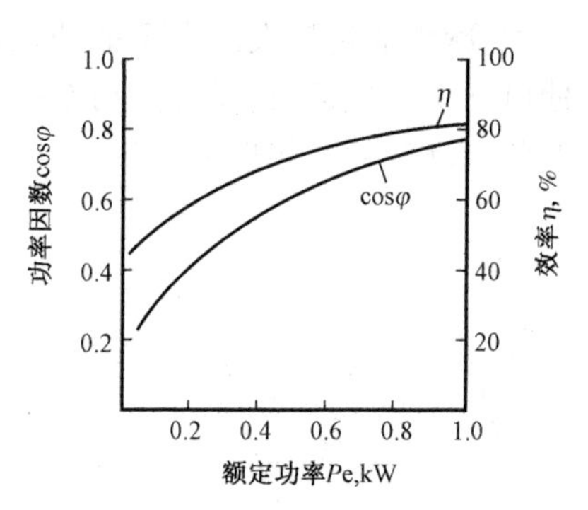

图 4.8 三相异步电动机功率、效率、功率因数关系曲线

从图 4.7 和图 4.8 可以看出,开关磁阻电动机优势明显。其调速范围广,可在 30 ~2000r/min 范围内实现无级调速,节电率比三相异步电动机高达 25% 以上,真正实现了高效调速。

(3)实现软启动,可频繁启停。

开关磁阻电动机启动转矩大,启动电流低。控制器从电源侧吸收较少的电流,能在电动机侧得到较大的启动转矩。一些典型的产品资料显示:启动电流为额定电流的 15% 时,获得启动转矩为 100% 的额定转矩;启动电流为额定电流的 30% 时,启动转矩可达其额定转矩的 250% 。由此可见,开关磁阻电动机可完全满足游梁式抽油机带平衡块启动的需要,减少对电网的冲击,降低变压器配置容量。

另外,系统具有的高启动转矩、低启动电流的特点,使之在启动过程中冲击电流小,电动机和控制器发热较连续额定运行时还要小。可控参数多使其制动运行能与电动运行具有同样优良的转矩输出能力和工作特性。因此,开关磁阻电动机也适用于频繁启停和正反向转换运行的场合。

(4)实现对抽油机的闭环控制。

开关磁阻电动机控制系统可根据对电动机的扭矩检测信号实现对抽油机的闭环控制,使电动机扭矩波动范围变小,使电动机运行更平稳,减少能量损失。由于抽油机在上冲程时载荷较大,控制系统会使电动机减速运行,避免高功率运行;在下冲程载荷较轻时加速运转,避免电动机的反转现象。图4.9是抽油机平衡后的负载曲线图。

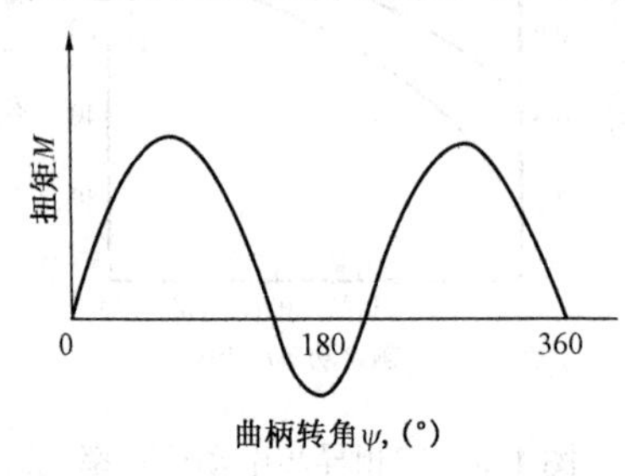

图4.9　平衡后的抽油机负载曲线

(5)控制系统保护功能齐全。

控制系统对电动机运行状况的监测比较全面,因此,当电动机发生缺相、过流、欠压、过压等故障时,系统会自动保护。

4.3.1.4　现场应用效果

2012年,某油田在两口井上进行了开关磁阻电动机与三相异步电动机现场对比测试[6],测试结果见表4.3所示。

表4.3　开关磁阻电动机现场试验效果对比

井号	项目	产液 t/d	有功功率 kvar	无功功率 kvar	动液面 m	系统效率 %	吨液百米耗电 kW·h
试验井1	换前	23.49	8.18	1.05	1001.4	32.06	0.85
	换后	23.52	6.12	0.73	982.9	42.18	0.65
试验井2	换前	28.76	9.73	2.03	699.49	23.75	1.17
	换后	28.44	7.82	0.86	677.51	28.76	0.98
平均	换前	26.13	8.96	1.54	850.45	27.91	1.01
	换后	25.98	6.97	0.80	830.21	35.47	0.82
	差值	-0.15	-1.99	-0.74	-20.24	7.56	-0.19
	幅度	-0.57%	-22.21%	-48.05%	-2.38%	27.09%	-18.81%

对比结果表明,更换电动机前后,油井产液量稳定,有功节电率达22.21%,系统效率上升27.09%,吨液百米耗电下降18.81%。另外,开关磁阻电动机系统价格是普通电动机的3~5倍,并且电控箱与电动机集成在一起,不需要外加电控箱,可见,开关磁阻电动机调速系统在油田上还是很有推广价值的。

另外,更换电动机后电流大幅下降,在功率下降的同时消除了负功率,在取得一定的节能效果的同时,消除了减速箱"背击"现象,对延长减速箱的使用寿命起到了一定作用。

目前,开关磁阻电动机已逐渐在油田推广使用,从目前使用情况来看,普遍节电率在20%以上,甚至高达33%。

4.3.2 常规电动机改造

常规电动机改造是指在保持电动机原有的转子和定子的铁芯不变的基础上,对电动机重新绕组和改变接线方式,以满足抽油机井动态变化和节能降耗的需要。本节主要介绍Y系列电动机的节能改造方法。

4.3.2.1 电动机改造原则及标准

(1)油井用三相异步电动机的节能改造应遵循以下原则:一是改造后可提高电动机负载率及效率;二是在保持电动机原有的转子和定子的铁芯不变的基础上,对电动机重新绕组和改变接线方式,以满足降低能耗和节约成本的需要;三是改造后必须提升相应的电动机性能,如绝缘性能、过载性能、启动力矩、耐热等级等。

(2)技术标准:无论是新电动机还是改造电动机,都必须满足国家电动机质量标准。此外,对于油田野外使用的电动机,改造还需遵循以下标准:一是环境温度为-40~+40℃,额定电压为380V,额定频率为50Hz;二是改造电动机为了保持较好的耐用性和效率,绝缘等级、耐热等级要在原基础上提高,绝缘等级一般由B级提高到F级,耐热等级应达到155℃左右;三是改造后电动机启动力矩能达到电动机额定功率的力矩要求;四是节能改造,改造后电动机比原来损耗更低,须实现更好的节能效果。

4.3.2.2 电动机双功率节能改造[7]

(1)技术原理。

常规电动机功率大小是固定的,固定功率不能同时满足抽油机启动和正常运行时电动机处于经济运行状态。双功率改造技术是将常规电动机绕组重新设计,使其具有两个输出功率值。具体做法是在单槽内下入双线，形成双绕阻，即启动绕组和工作绕组。电动机启动时，启动绕组运行启动电动机，以满足抽油机启动时需高扭矩的要求，启动后转入工作绕组，小功率正常运行，实现大功率启动和小功率运行两种工作状态，满足油井重载启动、轻载运行的条件。改造后的电动机与之前相比启动力矩保持不变，但在运行时输出功率下降，功率利用率更高，可有效降低油井运行时的额定功率和实耗功率。

(2)现场试验。

现场使用表明，双功率电动机可以在启动后实现自动切换，启动75kW，启动顺利，运行55kW，经较长时间观察运行无问题。尽管试验井均为负荷较大油井，现场测试表明，有功功率、无功功率均有所下降，平均有功节电率达到11.09%，综合节电率达到19.2%，见表4.4。

表4.4　双功率改造实施前后效果对比

井号	改造前		改造后		节电率，%		
	有功功率 kW	无功功率 kvar	有功功率 kW	无功功率 kvar	有功功率	无功功率	综合
A	14.61	38.85	13.02	11.49	10.88	70.42	21.33
B	10.72	40.85	9.51	26.1	11.29	36.11	17.09

试验后，平均装机功率降低17.35kW，有功功率下降1.02kW，有功节电率达8.5%，平均单井日节电24.48kW·h，投资回收期30个月左右。

4.3.2.3　电动机双极双速节能改造[7]

(1)技术原理。

对常规电动机进行改造，是在常规电动机转子和定子的铁芯都保持不变的情况下，采用正旋绕组，对定子绕组重新绕制。具体做法是在定子单槽内下入单线，引出多组头，通过在多组头之间改变接线方式实现“双极双速”。双极双速电动机可实现电动机变速运行，与变频器有共同点，但相对变频控制，双极双速电动机速度变化范围窄。改造后需与电控箱配合使用，电控箱可根据油井生产水平选择电动机功率级别以提高负载水平，降低油井能耗，同时双转速设计使调参优化更为便捷,改善油井供排关系。

改造后的电动机,启动特性得到改善,同时也降低了震动和噪声,使电动机的各项性能得到改善。

(2)现场试验。

原单速电动机改造后为双速电动机,例如:6 级电动机改造后为 6/8 级电动机,8 级电动机改造后为 6/8 级、8/10 级和 8/12 级电动机。现场测试表明,常规异步电动机进行双极双速节能改造,各项节能指标都有所提高,见表 4.5。

表 4.5 电动机双极双速改造前后效果对比

对比	装机功率,kW	有功功率,kW	无功功率,kvar	功率因数	负载率,%
改造前	54.4	9.81	23.04	0.41	18.03
改造后	38.8	8.82	13.81	0.52	22.78
差值	-15.6	-0.99	-9.23	0.11	4.75

经双极双速改造后,平均有功节电率 10.09%,平均单井日节电 23.76kW·h,投资回收期 17 个月左右。

4.4 游梁式抽油机节能技术

由于游梁式抽油机具有诸多优点,在油田的使用比例一直很高,但也存在很多缺点(主要是载荷变化范围大,导致高耗低效)。针对这一问题,出现了很多节能型抽油机,取得了较好的经济效益。节能型抽油机也有其特定的适用范围,并不能完全取代常频游梁式抽油机。

4.4.1 新型节能多井抽油机

国内许多的采油现场通常是由多台单井抽油机并列在一起分别抽油,形成丛林式油井开采区,利于设备的集中管理和采出液的集中运输。随着油田的持续开采,油井产油量逐渐下降,抽油机运行效率逐渐降低,单井经济效益越来越低。在此情况下,对于丛式井来说,采用一机多井的采油工艺具有一定的节能潜力。因此,在丛式井上应用新型节能多井抽油机具有良好的节能效率[8]。

4.4.1.1 流程图

一机多井抽油机是在丛式井的基础上，将几个传统游梁式抽油机的曲柄轴组合起来，通过一台电动机经过减速器减速增大转矩后进行统一驱动。此处通过一机双井说明其节能机理。当一台电动机驱动两台抽油机时，若其中一台抽油机处于最大载荷位置时，另一台抽油机处于最小载荷位置，此时两台抽油机载荷相互抵消一部分，导致总载荷最大值低于单台抽油机运行时的最大载荷，总载荷最小值高于单台运行时的最小值，使抽油机总体载荷趋于平稳，从而降低抽油机功耗。因此，对于一机多井抽油机而言，使各曲柄错开一定的相位，达到系统间的互平衡，便可达到节能的目的。设计构想流程如图 4.10 所示。

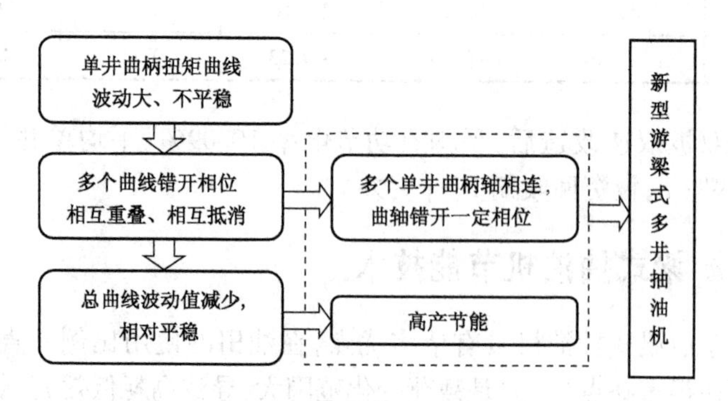

图 4.10 新型游梁式多井抽油机设计构想流程图

4.4.1.2 一机多井抽油机结构

在上述流程图及设计条件要求下，以四井为例设计出新型游梁式多井抽油机的结构，如图 4.11 所示。将四个以丛式井排列的传统的异相游梁式抽油机的曲柄轴通过连接装置连接在一起，形成一个曲柄总轴被电动机驱动，同时带动四个抽油机一起运转。四个抽油机的各曲柄错开一定的相位，相互抵消一部分载荷，使总载荷趋于平稳，实现高效节能的目的。

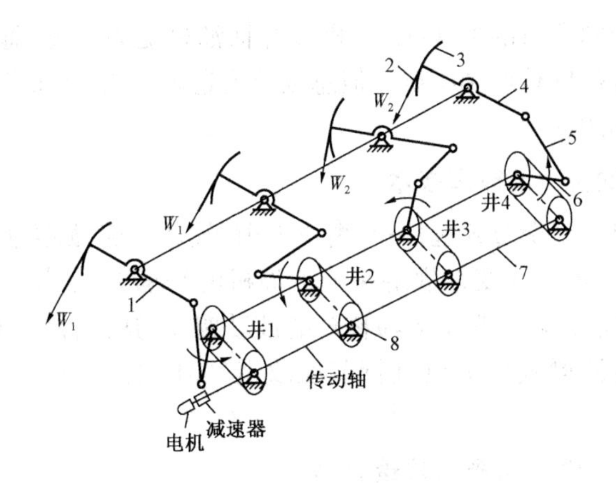

图 4.11 新型游梁式四井抽油机结构示意图

1—异相游梁式抽油机;2—钢丝绳;3—驴头;4—游梁;

5—连杆;6—曲柄;7—曲柄总轴;8—连接装置(如链轮、带轮)

W_1—上冲程悬点载荷;W_2—下冲程悬点载荷

4.4.1.3 现场应用分析

由表4.6可以看出,四井抽油机比单井抽油机节能33%左右。同时,由三种抽油机的电动机负载波动系数可以看出,新型游梁式四井抽油机的电动机运转平稳性最好,对电动机的冲击和磨损最小。

表4.6 几种游梁式抽油机性能参数对比表

	单井抽油	双井抽油	新型四井抽油
曲柄轴扭矩最大值,kN·m	65.197×4=260.788	115.736×2=231.472	174.634
曲柄轴扭矩平均值,kN·m	39.536	79.071	158.142
曲柄轴功率最大值,kW	20.483×4=81.932	36.360×2=72.720	54.863
曲柄轴功率平均值,kW	12.420	24.841	49.681
悬点载荷最大值,kN	94.496	94.496	94.496
悬点载荷最小值,kN	32.561	32.561	32.561
电动机负载波动系数 δ	1.656	0.9834	0.2544
同常量所需电动机个数 N_0	4	2	1

对于相同数量的抽油机，一机多井抽油机更为节能，拖动井数越多，能耗越低，优越性越明显。但总载荷会逐渐增大，因此需要考虑对电动机功率的影响。

4.4.2 抽油机节能改造技术

抽油机的平衡方式包括：平衡块平衡、气动平衡、游梁偏置复合平衡、变矩平衡等。改变常规游梁式抽油机的平衡方式，提高抽油机的平衡度，以降低减速器输出轴转矩的波动幅度，达到抽油机系统节能的目的。对游梁式抽油机进行节能改造，实质上是进行抽油机平衡改造。

4.4.2.1 游梁下偏平衡改造技术

常规式游梁抽油机由于其净扭矩波动大，导致电动机功率变化范围也很大，究其原因就是抽油机平衡不够好。在游梁尾部增加一下偏平衡装置，可有效抵消一部分峰值和谷值扭矩，使曲柄扭矩变化更加平稳。

（1）游梁下偏平衡装置。

对常规式游梁抽油机进行下偏平衡改造[9]，改造后的结构如图4.12所示。

游梁下偏平衡装置代替了常规机的尾部平衡块，安装在游梁尾端，与曲柄平衡装置共同构成新的复合平衡。由于游梁下偏平衡装置的配重质心 G 相对游梁向下偏置一个角度 δ，因此，抽油机由相对于平衡位置绕中央轴承座运动的过程中，往下死点运动时，下偏平衡装置被抬高，并且力臂变长。往上死点运动过程中，下偏平衡装置被放下，其力臂变短。换句话说，当抽油机载荷逐渐变小时，下偏平衡装置被抬高，并且不断增大曲柄扭矩。当抽油机载荷逐渐变大时，下偏平衡装置被放下，并且不断减小曲柄扭矩。因此，在此过程中，抽油机曲柄最大扭矩被减小，最小扭矩被增大，使扭矩曲线更平稳，以此起到节能降耗的作用。

图4.13为游梁下偏平衡装置。该装置是焊接而成的箱式结构，通过螺栓连接在游梁铰座中。配重箱可放入小配重块(25kg/块)。

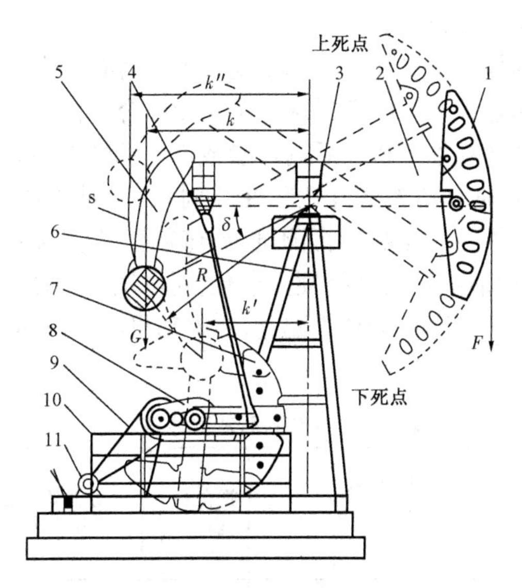

图 4.12　改造后的游梁下偏复合平衡抽油机

1—驴头;2—游梁;3—中央轴承座;4—连杆组系;5—游梁下偏平衡装置;6—支架;7—曲柄平衡装置;8—减速器;9—皮带;10—平台;11—电动机

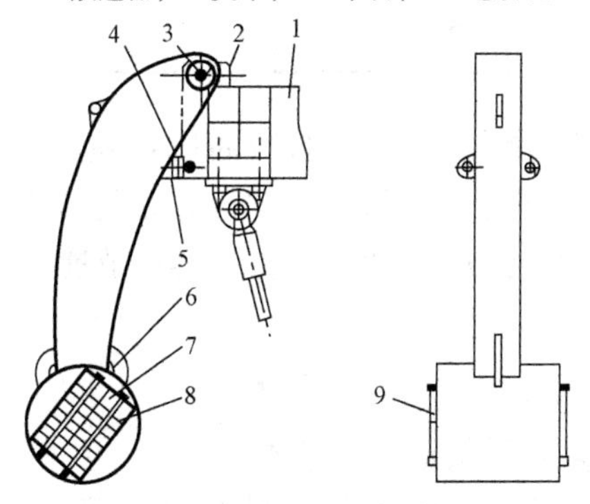

图 4.13　游梁下偏平衡装置

1—游梁;2—游梁铰座;3—连接轴;4—连接板;5—螺栓;6—配重箱;7—配重箱孔洞;8—小配重块;9—挡管机构

（2）现场应用测试。

改造后的抽油机平衡方式属于复合平衡，需要调节放入下偏平衡装置配重的质量和移动曲柄平衡配重位置结合进行。

测试时需要在抽油机前后运行参数不变的情况下进行，并且需要将抽油机改造前后的平衡度调节在相同水平，对改造前后的运行电流、功率、功率因数等参数进行测试，测试数据见表4.7。值得注意的是，由于改造前后抽油机平衡发生变化，对电动机的需求功率下降，因此测试时应该适当降低电动机配置，使电动机在经济运行状态下进行测试。

表4.7　改造前后测试数据对比

状态	上冲程最大电流 A	下冲程最大电流 A	平衡率	视在功率 kV·A	有功功率 kW	无功功率 kvar	功率因数
改造前	84	90	93	28.48	14.26	24.66	0.501
改造后	48	49	98	13.9	10.14	9.496	0.73
变化，%	↓43	↓46	↑5	↓51	↓29	↓61	↑45

由表4.7可以看出，改造后的抽油机各项经济指标都有大幅上升。虽然节电效果较好，但是，节能改造方式是否为经济效益最好，还需要进一步进行经济效益评价，分析与其他节能技术相比，改造方式是否最为合算。

4.4.2.2　摆锤式复合平衡改造技术

（1）摆锤式复合平衡抽油机结构。

摆锤式复合平衡抽油机结构如图4.14[10]所示。改造后的抽油机与之前不同之处在于，游梁上部增加了一摆动平衡装置（图4.15），装置的一端连接在一个小支架上，并且可绕连接点转动，小支架固定在轴承座上。摆动平衡装置与游梁接触的地方有滚轮，这样一来，当抽油机运行时，摆动平衡装置便在游梁上来回滑动。

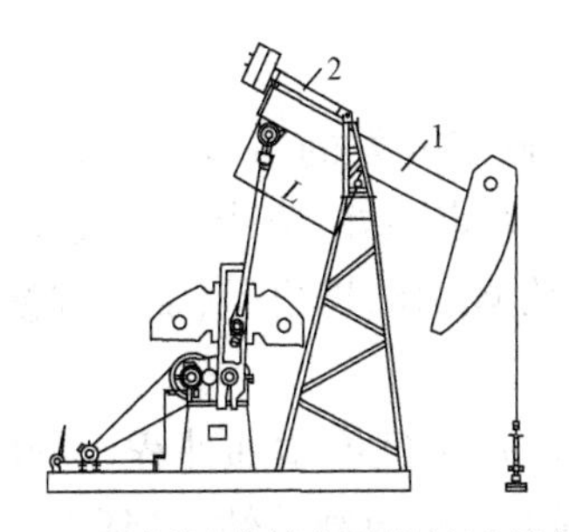

图4－14 摆捶式复合平衡抽油机结构

1—常规机;2—摆动平衡装置

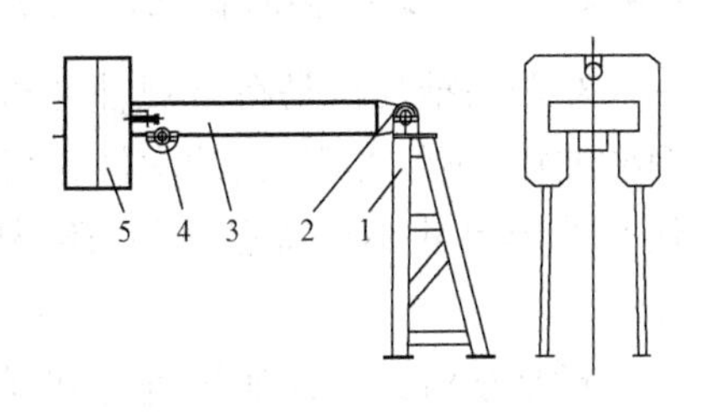

图4－15 摆动平衡装置结构

1—小支架;2—轴承座;3—摆杆;4—滚轮;5—副平衡块

(2)节能原理分析。

摆锤式复合平衡抽油机其节能原理与游梁下偏平衡改造相似,上冲程时,游梁尾部从最上端向下摆动,悬点载荷逐渐减小。这时,副平衡块重心到小支架中心距离略微增大后,逐渐减小,滚轮对游梁产生的力矩减小,进而使曲柄轴扭矩逐渐减小。在下冲程时,游梁尾部由最下端向上摆动,悬点载荷逐渐增大。这时,副平衡块重心到小支架中心距离逐渐增大后略微减小,滚轮对游梁产生的力矩逐渐增大,进而使曲柄轴扭矩逐渐增大。

在抽油机运行的过程中,摆杆和副平衡块对游梁产生的力矩变化,恰好能抵消一部分悬点最大载荷,能提升一部分悬点最小载荷,因此抽油机的平衡效果得到了很大的改善。

(3)现场应用测试。

通过对 CYJY10－3－37HB 异相型游梁式抽油机的节能改造,在挂泵深度1500m,泵径44mm 的油井上进行了测试,由于抽油机的平衡得到改善,因此装机功率大大减小,测试结果表明,抽油机运行过程无负功,电耗下降21%。

另外,由于采用复合平衡方式,悬点最大载荷被抵消接近一半,因此减小了横梁、连杆、曲柄销结构的受力,可减少这些部分发生故障的可能性,延长使用寿命。

4.4.2.3 双驴头抽油机改造技术

双驴头抽油机是在常规抽油机的基础上开发的新型增程式长冲程抽油机,不仅冲程长、冲次低,而且具有稳定性好、节能、抗过载能力强及外形尺寸小等特点,同时还保留了常规抽油机耐用、维修方便等优点。

对常规游梁式抽油机进行双驴头改造,不但能增加冲程,提高承载能力,还能降低电动机配置容量,改善抽油机负载特性,起到节能增产的作用[11]。

(1)改造方法。

以12型常规抽油机进行双驴头改造为例,由于改造后需要增大冲程,原抽油机支架的高度不能满足增程要求,因此需要额外设计一个支架固定到原支架下面,以增加支架高度。另外,改造后采用钢绳驱动,横梁上需要增加连接销和驱动绳连接下接头。除改造部分外,需要为抽油机增加后驴头和驱动绳,后驴头为钢板组焊而成的变径圆弧状结构件,与驱动绳、游梁连接,在抽油机运转过程中驱动绳将动力传送到游梁尾部,后驴头的圆弧形结构在运行过程中不断改变驱动力臂长度,使抽油机在下死点具有更大的负载能力。改造后的结构如图4.16所示。

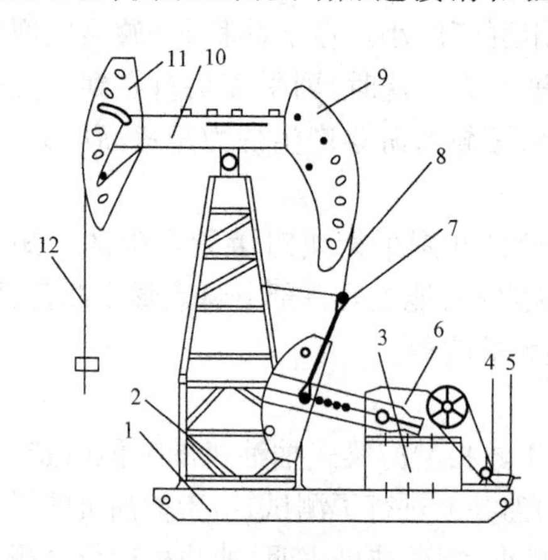

图4.16 改造后抽油机结构示意图

1—底座;2—支架;3—减速器底座;4—电动机;5—刹车;6—加速器;7—横梁连杆;8—后驱动绳;9—后驴头;10—游梁;11—前驴头;12—悬绳

为提高抽油机冲程长度,原抽油机驴头的回转半径和弧长均不能满足大冲程的要求,新安装的前驴头拥有更大的回转半径和弧长,可满足将游梁前臂由原来的3m增加到3.319m的要求。由于采用钢丝绳驱动,缩短了连杆长度,另外加长了曲柄回转半径,使得改造后的抽油机游梁摆角由57.54°增加到72.5°,冲程增加了1.2m。

(2)现场应用测试。

改造后的双驴头抽油机游梁后臂为变径圆弧形状,后驴头与横梁之间采用柔性件连接和驱动。抽油机工作时,后驴头力臂的长度随悬点位置的改变而变化,使载荷扭矩随曲柄转角的变化接近正弦,达到改善抽油机平衡的效果,改造后的10型抽油机电动机配置降低38%。经过现场应用,机器运转平稳,吨液米耗电降低0.0025kW·h,在满载使用下日可节电195kW·h。若将12型抽油机进行新设备更换,需要16万元,而进行双驴头改造需要8.5万元。

对常规抽油机进行增程、节能升级的双驴头改造,使淘汰的老机型重新得到利用,对盘活资产、降本增效有积极作用,在油田具有一定的推广价值。

4.4.2.4 连杆辅助曲柄平衡改造技术

游梁式抽油机存在平衡效果差、曲柄净扭矩脉动大、负扭矩和能耗大等问题,为改善抽油机平衡,降低抽油机能耗,往往采用抽油机节能改造或研制非四连杆机构的新型节能型抽油机。虽然各种节能改造都能收到显著的节能效果,但仅仅是减缓了抽油机的扭矩波动,不能从根本上改变抽油机的工况,无法与电动机的工作特性相匹配,并且存在改造费用高、可靠性差等问题。

(1)改造方法。

游梁式抽油机的曲柄净扭矩曲线在一个周期内会出现两次波峰与波谷,导致能耗上升。若用具有合适相位和幅值的谐波曲线,在曲柄净扭矩曲线波峰处降低波峰,在波谷处提高波谷,就能收到比较理想的平衡效果。针对这些问题,可以利用连杆辅助曲柄平衡的复合平衡方法,对抽油机进行平衡改造[12]。图4.17为改造后的抽油机结构简图。

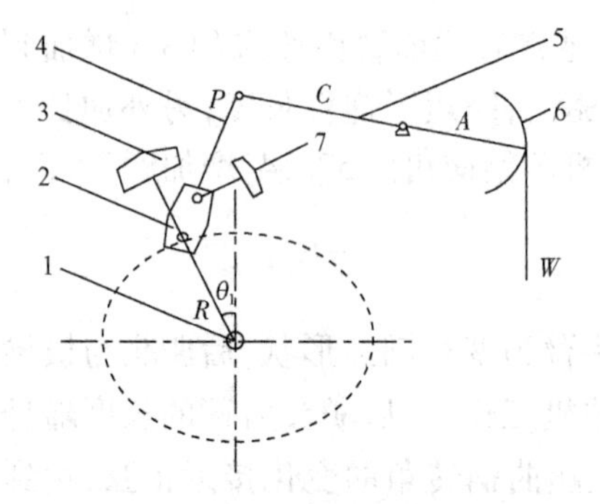

图 4.17　改造后的抽油机结构简图
1—减速器输出轴；2—辅助平衡箱体；
3—原机平衡块及曲柄；4—连杆；5—游梁；
6—驴头；7—小平衡块及小曲柄

改造后的抽油机保留了常规机的基本结构，割下原连杆大齿轮中心到连杆辅助曲柄平衡结构箱体表面的一段长度，然后将连杆与连杆辅助曲柄平衡结构的箱体焊接，保证原四连杆机构中连杆的长度不变。连杆辅助曲柄平衡结构由传动比为 2∶1的一对齿轮、轴承、箱体、小曲柄及小平衡块等组成。大曲柄（原机曲柄）转一周，绕曲柄销做牵连运动的小曲柄转两周。以下死点为初始位置，将小曲柄调整到合适的位置，就可以达到小曲柄在曲柄净扭矩曲线波峰处降低波峰并且在波谷处提高波谷的目的，收到节能的效果。

（2）仿真分析。

运用三维设计软件 Solidworks 建立改造后抽油机的虚拟样机。将虚拟样机导入 ADAMS 软件对改造机虚拟样机进行运动学、动力学分析和设计试验。

抽油机运行仿真需要控制悬点载荷，当悬点载荷的变化接近真实情况时，仿真结果越接近实际，因此选用某井做改造前需要对示功图进行测试。改造前的示功图作为改造虚拟机仿真的数据依据。改造前示功图如图 4.18 所示。

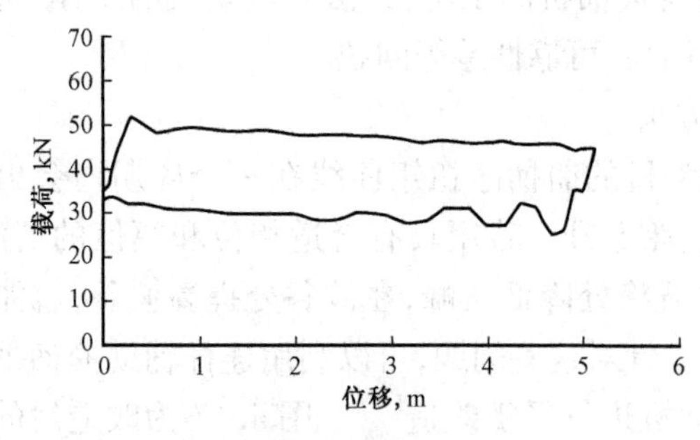

图 4.18　改造前示功图

根据示功图形状、最大载荷、最小载荷和冲次可建立一个周期内井口的悬点载荷,作为虚拟机仿真时周期变化载荷。通过反复调节小曲柄位置,使抽油机处于平衡状态,并且悬点初始位置设置在下死点后开始仿真。仿真时测量悬点位移、速度和加速度曲线,如图 4.19 所示。虚拟样机减速器曲柄输出轴扭矩曲线与原机减速器曲柄输出轴扭矩曲线对比如图 4.20 所示。

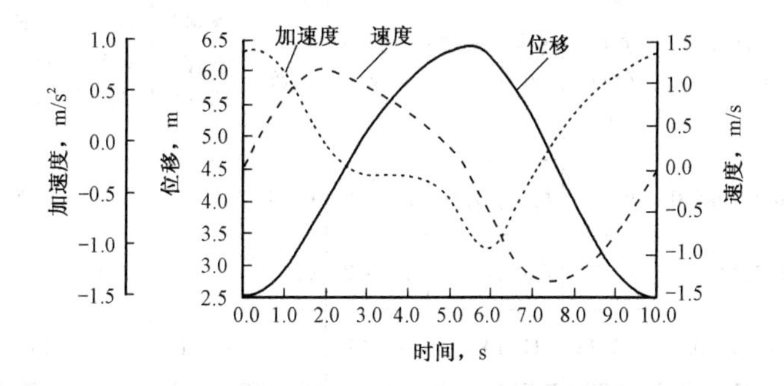

图 4.19　悬点位移、速度、加速度曲线

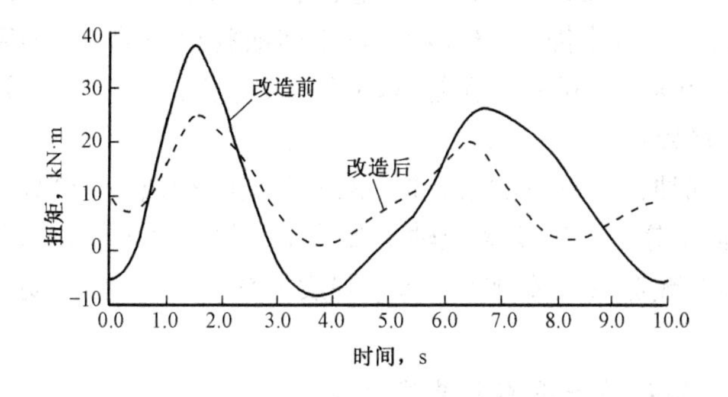

图 4.20　减速器曲柄输出轴扭矩曲线对比

假设减速器、胶带、电动机改造前、后效率不变,根据图 4.19 和图 4.20 可以判定改造后抽油机运行情况。将图 4.19 中两条扭矩曲线积分后求节电率,约为 30% 。由此可以确定连杆辅助曲柄平衡的复合平衡改造是可行的,并具有很好的节电效果。

(3)现场应用测试。

现场对一台10型抽油机进行连杆辅助曲柄平衡的复合平衡改造后,利用综合测试分析仪对改造前、后电动机电流、扭矩和有功功率等进行现场测试,较改造前,曲线更接近于正弦。

改造前后抽油机节能效果对比见表4.8。

表4.8 抽油机改造前后节能效果对比

项目	产液 t/d	产油 t/d	含水质量分数 %	液面 m	泵效 %	有功功率 kW	功率因数	百米吨液耗电 kW·h	系统效率 %	上/下电流 A	平衡比 %
改造前	142.10	5.0	96.48	623	67.16	23.086	0.68	0.63	43.29	97/65	67.01
改造后	137.14	5.9	95.70	654	75.87	17.650	0.63	0.47	57.08	64/65	101.56
差值	-4.96	0.9	-0.78	31	8.71	-5.436	-0.05	-0.16	13.79	-33/0	34.55

由表4.8可知,改造后产液量、液面变化不大,有功功率下降5.436kW,系统效率提高13.79%,百米吨液耗电下降0.16kW·h,年节电量4.76×10^4kW·h,节电率23.55%,与仿真结果比较接近,具有很好的经济效益。

在对抽油机进行节能改造时,无论采用哪种改造,改造后的抽油机连杆、曲柄销、游梁、支架及轴承等的受力都将发生变化,因此,都需要进一步对改造后的关键零件进行强度校核和寿命计算,防止产生安全事故。

4.4.2.5 液压节能平衡器节能技术

液压节能平衡器是利用液压提供辅助平衡力来削弱抽油机最大负荷和提升抽油机最小负荷的装置[13]。该装置由两部分组成:机械液压系统和电控系统。机械液压系统是由平衡油缸、蓄能器、内部安装的油管及阀类连接组成。电控系统由DSP微处理芯片、数据采集电路和控制电路组成,它们负责实时监控抽油机各项参数,并作出调整液压缸压力的决策。液压节能平衡器装置结构如图4.21所示。

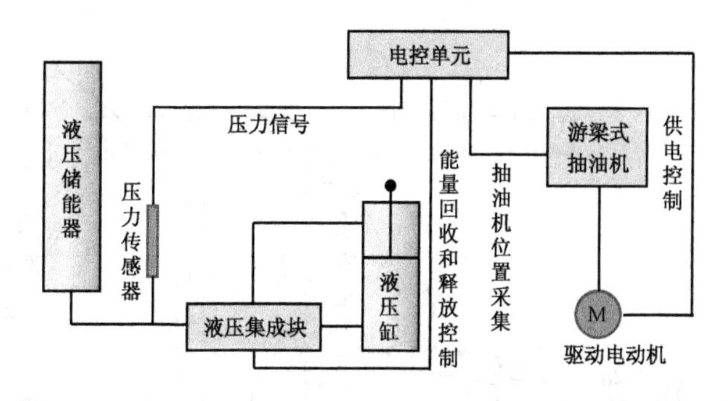

图 4.21 液压节能平衡器装置结构

由于该装置是独立于抽油机设计的节能产品,它的安装不需要对抽油机进行结构改变。因此,液压节能平衡器改造不改变抽油机的工作性能。安装时,将液压节能平衡器上铰接于游梁(驴头与支架之间),下铰接于底座。安装后,抽油机的平衡力可全部或部分由液压节能平衡器提供。另外,液压节能平衡器具有自我调节能力,在工况发生变化后可及时调整平衡力,减少了游梁式抽油机平衡管理工作量。

液压节能平衡器可直接安装在游梁式抽油机前段,安装方便,稳定可靠,对改善抽油机平衡度、降低损耗有一定帮助。

(1)工作原理。

安装液压节能平衡器后的抽油机如图 4.22 所示。蓄能器上腔装有高压氮气,下腔装有液压油,蓄能器下腔内的油经过腔底的油管、控制阀,连通平衡油缸下腔,当抽油机上行时,蓄能器中油压较高,柱塞杆对游梁产生向上的推力,液压能转变为机械能,实现能量释放,辅助推动抽油机游梁上行,使电动机输出功率减小。当抽油机下行时,由于抽油杆的重力使抽油机载荷降低,再加上抽油机动力,柱塞受到压迫而下行,将油缸内的油贮入蓄能器下腔转变为液压能,实现储能,如此反复。

液压节能平衡器后抽油机曲柄扭矩始终为正,并且扭矩最大值被减小,另外,下行时出现的负功能量被存储到液压节能平衡器中,实现了能量再生利用,起到节能作用。

(2)游梁式抽油机液压节能平衡器的优点。

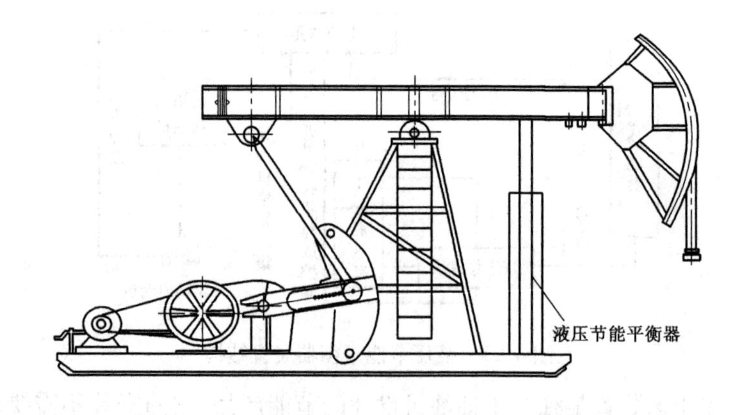

图 4.22　安装液压节能平衡器的常规游梁式抽油机

常规游梁式抽油机安装液压节能平衡器后，平衡的调整由游梁平衡块调整改为液压平衡自动调整，抽油机平衡性得到改善。另外，液压节能平衡器降低了抽油机曲柄扭矩，使传动系统受力均匀，减少减速箱齿轮、连杆、曲柄销所承受的冲击力，提高了抽油机的使用寿命。当抽油机发生失载时，液压节能平衡器还能起到缓冲作用，提高了抽油机的安全性能。

(3)现场应用测试。

截至 2013 年，某油田的 10 型、12 型、14 型的常规游梁式抽油机上安装了液压节能装置 50 套，运行了两年，该装置运行平稳可靠。在保证油井技术参数不变、产液量不变的前提下，测试了其中 10 口抽油井，测试结果见表 4.9。

表 4.9　抽油机液压节能装置安装前后能耗对比

井号	安装	有功功率，kW	无功功率，kvar	有功节电率，%	无功节电率，%	综合节电率，%
1	前	6.49	13.48	12.71	28.32	14.6
	后	5.28	9.67			
2	前	3.64	18.27	37.64	40.45	15.6
	后	2.27	10.88			

续表

井号	安装	有功功率,kW	无功功率,kvar	有功节电率,%	无功节电率,%	综合节电率,%
3	前	4.52	19.87	19.91	44.59	10.4
	后	3.62	11.01			
4	前	3.17	6.81	35.33	48.82	12.6
	后	2.05	3.48			
5	前	4.75	18.83	22.12	65.75	29.25
	后	3.37	6.45			
6	前	3.79	10.83	16.89	32.28	19.31
	后	3.15	7.11			
7	前	6.49	13.48	18.64	28.36	10.62
	后	5.28	9.67			
8	前	4.79	13.63	28.39	29.13	18.53
	后	3.43	9.66			
9	前	10.97	24.08	8.48	34.88	10.41
	后	10.04	15.68			
10	前	20.66	20.66	23.77	42.16	13.62
	后	5.13	11.95			
平均节电率				22.04	39.54	15.43

从表4.9中可看出,安装抽油机液压节能装置后,有功功率和无功功率明显降低,平均有功节电率为22.04%,平均无功节能率为39.54%,综合节电率为15.43%。

4.4.2.6 智能流体——磁流变液变速控制系统

磁流变液(magnetorheological fluid,MRF)也称磁流变体,是一种智能材料。磁流变液由载流液、铁磁性悬浮颗粒和高分子表面活性剂等组成。悬浮颗粒分散在载流液中的微小粒子能被磁化,在无磁场作用时,呈分散状态。当有外部磁场时,粒子被磁化,在载液中沿磁场方向形成粒子链,从而具有抗剪切应力的作用,此时混合液表观黏度会增至几个数量级,在瞬间从流动性良好的流体转变为半固体,这种效应叫磁流变效应。而且磁场越强，抗剪切能力越强，载液就越表现为固体特性，当磁场撤消后，混合液恢复流动状态[14]。磁流变液在有、无磁场下的状态如图 4.23 所示。

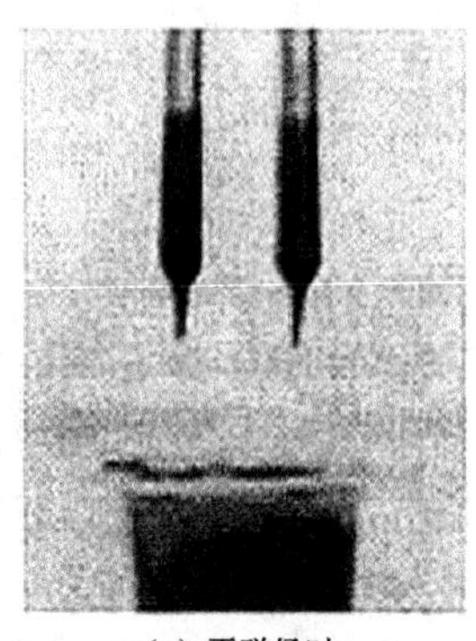
(a) 无磁场时

(b) 有磁场时

图 4.23　磁流变液在有、无磁场下的状态

基于磁流变液的游梁式抽油机变速节能系统是利用磁流变体的可控特性来控制抽油机力学传动的方式来减缓电动机输出功率变化，从而起到节能作用[15]。

(1) 系统结构。

图 4.24 是磁流变液变速控制系统基本结构，其中 5 为电磁线圈，用于提供磁流变液特性转变时所需的磁场，通过接线环 9 与电刷连接。8 为磁流变液，当皮带轮 1 转动时，带动主动盘 6 转动。在不需要两端有力学传递时，线圈中无电流，磁流变液呈流体状；当需要力学传递时，线圈通电产生磁场，控制磁流变液的黏度，实现力学传递可控的目的。左侧与电动机连接，右侧连接曲柄轴。

(2) 系统原理。

磁流变液变速控制系统机构的电路结构与原理如图 4.25 所示。

从图 4.24 可以看出，系统主要由两部分组成：硬件部分（机械部分）和软件部分（控制电路）。硬件部分主要起到磁场产生与力学传递作用，软件部分对整个系统的运行起到监测与控制作用。

该系统的工作原理类似一台离合器，工作过程为：

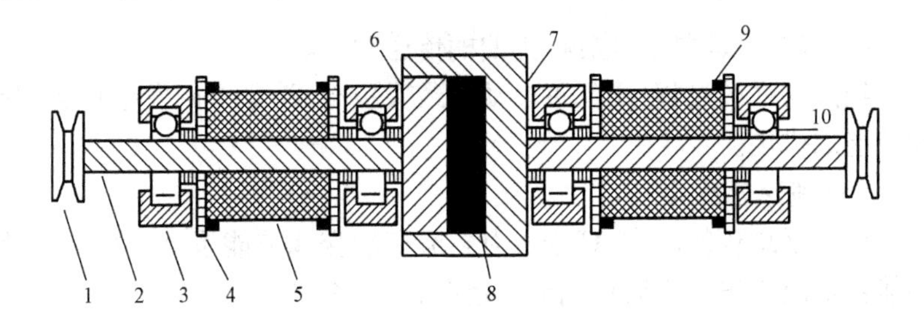

图 4.24　磁流变液变速控制系统基本结构

1—皮带轮;2—转动轴;3—轴承固定架;4—卡盘;5—电磁线圈;
6—主动盘;7—从动盘;8—磁流变液;9—接线环;10—轴承

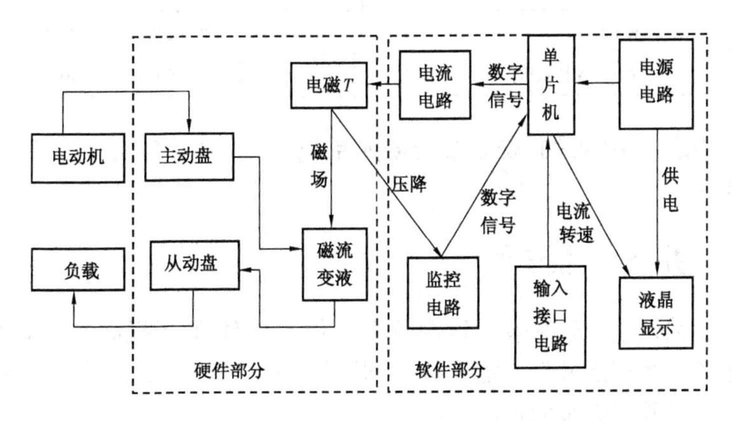

图 4.25　磁流变液变速控制系统机构的电路结构与原理

首先,启动抽油机,此时电动机转动,但系统控制电路并没有给线圈提供电流,磁流变液处于流动状态,电动机动力无法传递给曲柄,监测系统将检测到抽油机不运转,将信号反馈给控制系统。控制系统经过判断逐渐为线圈提供电流,在磁场的作用下,磁流变液黏度越来越大,直到驱动力大于抽油机负载转矩时,抽油机开始运转,监控系统检测抽油机负载转矩,并将信号反馈给控制系统,控制系统及时调整线圈电流,使抽油机平稳运行。

当抽油机开始拖动电动机转动时,即电动机转子转速低于曲柄轴转速时,控制系统断开线圈电流,磁流变液再次转为流体状态,负载便不会拖动电动机进入发电状态。当电动机转速大于曲柄轴转速时,控制系统再次为线圈提供电流,为曲柄传递动力。

经过这样的过程,降低了电动机最大负载,消除了倒发电现象,起到节能的作用。

(3)理论分析。

根据平均预算法,在理论上对磁流变液变速节能系统使用后系统的能耗情况作出分析后得到节能情况,见表4.10。

表4.10 降耗状况

状态	电动机	发电率	节电效率	总计
未安装变速系统	45kW	6%	不节电	不节电
变速系统	45kW	1%	25.00%	28.00%
变速系统更换为小电动机	37kW	1%	42.80%	46.10%

由表4.10可知,安装节能变速系统后,抽油机系统节电预计可达46%。

4.5 井下节能技术

抽油机系统效率包含地面效率和井下效率,为了提高井下效率,产生了一系列的井下节能设备,对提高井下效率、延长检修周期、降低井下检修费用有很大帮助。

4.5.1 井下节能设备

4.5.1.1 碳纤维抽油杆

碳纤维复合材料是目前最先进的高性能复合材料之一,碳纤维抽油杆是近年来出现的一种新型连续柔性抽油杆,是继传统钢抽油杆、玻璃钢抽油杆之后出现的综合性能优于前述两种抽油杆的新产品。

与普通钢质抽油杆相比,碳纤维抽油杆具有诸多优点[16]:

(1)密度小,可降低光杆载荷和减速器扭矩,节约能耗。

(2)弹性好,优化设计混合抽油杆柱,可以增加产液量。

(3)耐腐蚀,延长检泵周期;降低抽油杆的失效频率和活塞效应。

(4)与油管的摩擦力较小,降低了油管的磨损和光杆载荷。

(5)抽油杆起下作业速度快,由于抽油杆成带状,起下时可以直接缠绕在专用滚筒上,减轻作业工人的劳动强度,当配备有起下作业车(图4.26)时,可大大缩短起下作业时间。

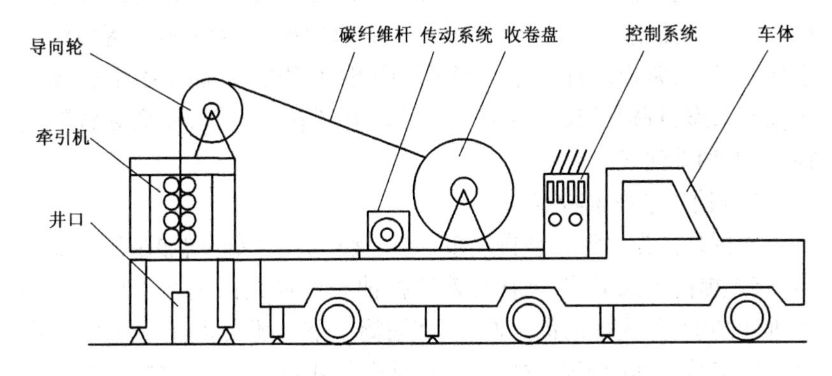

图4.26 碳纤维抽油杆起下作业车示意图

(6)扩大了有杆泵抽油系统的应用范围,可代替部分电潜泵,还可用于深井、超深井和腐蚀井。

碳纤维抽油杆抗拉性能好,但其抗压能力较差,因此,碳纤维抽油杆在使用过程中需要一直保持受拉状态,否则抽油杆可能发生断裂。由于抽油杆本身质量较轻,若直接用它作为抽油杆使用,在下冲程时,抽油泵摩擦较大,如无法正常下行,抽油杆就会受压。所以,在设计时采用碳纤维杆—钢杆的混合抽油杆柱结构,上部为碳纤维杆,下部为一定长度的配重杆,配重杆的作用是使碳纤维杆在工作过程中始终处于受拉状态,防止抽油杆受压断裂。

碳纤维抽油杆的应用起源于美国,20世纪90年代,美国抽油杆试验取得了很好的效果。2001年,国内某油田对100口油井采用碳纤维抽油杆进行了四年的现场应用。按照试验时段的抽油井采油情况计算,平均节能达到50%以上。

碳纤维抽油杆采油工艺还处在矿场试验阶段,未正式推广应用。碳纤维抽油杆确实具有不可比拟的优势,但在油田推广使用碳纤维抽油杆还有很多问题等待解决。2013年,我国自主研发的碳纤维抽油杆已在国内油田做矿场试验,若试验结果良好,将在国内一些油田开始推广使用。

4.5.1.2 新型抽稠泵

稠油、超稠油井因流体黏度大,举升困难,使得泵的充满程度极低。因为抽油流体运动是一种渐进的加速过程,这种加速过程也滞后于柱塞运动,常出现柱塞运动到泵筒中部时,固定阀却已关闭,使泵处于抽空状态,特别是长冲程泵。若抽油井还伴有出砂,便会导致频繁检泵,增加采油成本。

(1)抽稠泵技术特点。

抽稠泵作为一种新型稠油泵,利用流体力学原理增加泵的进油能力,有效提高了泵效[17]。它与普通抽油泵的最大区别在于增加了多点进油功能,除底部的固定阀外,在泵筒中下部还安装有一组固定阀,可产生交替进油的工作效果。抽油机由下死点往上运行的过程中,抽油泵底部固定阀开启,中部固定阀由于受到压力而关闭,开始第一次进油过程;当柱塞运动至泵筒中部固定阀位置时,中部固定阀开启,形成新的进油通道,井液不仅从底部进入抽油泵,同时也从抽油泵中部进油,开始第二次进油过程。这种一次、二次交替进油的工作方式可以解决抽油进泵满的问题,特别是采用长冲程抽油泵采油时。

另外,抽油泵具有一定的防砂和防气的作用,因为在泵口安装了吸入式筛管,可有效避免砂卡的发生。由于中部固定阀处为密封段,长度较短,一旦发生气锁现象,柱塞在通过中部固定阀的时候,位于管柱中的上部流体可向泵筒内补充流体,直至气锁解除。

(2)现场应用。

2012 年某油田对 18 井次实施了抽稠泵采油,原油黏度(50℃)范围为 2000 ~ 26000MPa · s,实施效果见表 4.11。

表 4.11 抽稠泵的现场应用情况统计表

区块名称	区块油品性质	措施井次	平均单井延长检泵周期,d	平均单井提高泵效,%	备注
锦 25	特稠	3	92	43	一口井配合电加热
锦 7	特稠	5	123.6	67	均配合电加热

续表

区块名称	区块油品性质	措施井次	平均单井延长检泵周期,d	平均单井提高泵效,%	备注
锦 607	稠	2	103.2	49	
锦 91	稠	2	76	52.4	
锦 92	稠	5	94.5	42.9	
锦 611	特稠	2	99.6	37.1	一口井出泥浆检泵

由表4.11可知,平均单井延长检泵周期98d,平均单井提高泵效51%。

经测试,抽稠泵与电加热配合使用效果更好,适用最佳黏度范围小于4000mPa·s的油井中,允许稠油生产最大黏度为13000mPa·s。

4.5.1.3 三元复合驱无间隙自适应防卡泵

三元复合驱是油田持续稳产的主要驱油技术,通过降低油水界面张力提高驱油效率。但采用三元复合驱进行油井开发后会出现结垢现象,因此常造成杆管偏磨、泵漏失量大、泵效低、频繁卡泵、油杆断脱事故的发生。油田在三元复合驱油井投入了很大成本来防垢,延长检泵周期。

无间隙自适应防卡泵是一种适用于结垢严重的三元复合驱油井抽油泵,它利用杆柱的上下运动,将结垢刮掉以保证抽油泵稳定运行[18]。

(1)无间隙自适应防卡泵结构。

无间隙自适应防卡泵主要包括无间隙自适应柱塞泵以及无间隙自适应刮削器两部分。

① 无间隙自适应柱塞泵。

无间隙自适应柱塞泵采用液压弹性密封为主,刚性密封为辅。液压弹性密封是由密封胶套和密封环组成,在抽油机上冲程提油过程中,由于密封胶套受到液柱压力而产生膨胀,这时胶套与泵筒内壁实现密封。另外,为了防止因井底高温胶套膨胀,导致抽油泵摩擦增大,在胶套与柱塞芯之间预留了一定的空间间隙。又由于柱塞芯与胶套之间存在间隙，为防止柱塞偏离中心出现偏磨，因此在柱塞两端增加了扶正器，起到辅助柱塞的同时又能实现刚性密封。

合理的泵内设计使漏失量减少，泵效得到提高，并且不容易出现卡泵。其结构如图 4.27 所示。

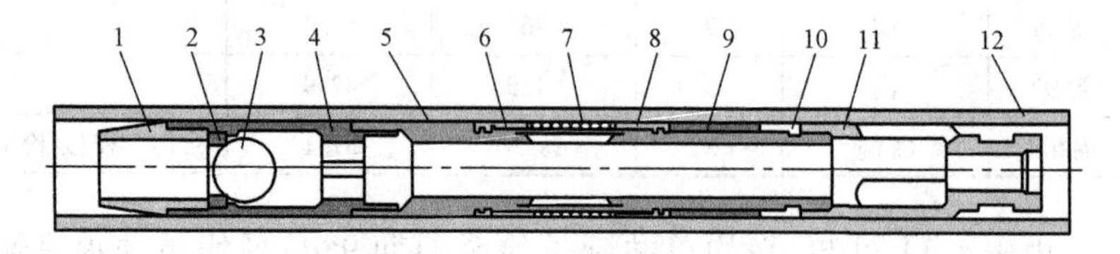

图 4.27　无间隙自适应柱塞泵结构

1—下游动阀座接头；2—下游动阀座；3—阀球；4—下游动阀罩；5—柱塞芯；6—胶套；7—密封环；8—封套；9—扶正器；10—调整环；11—上开口阀罩；12—泵筒

② 无间隙自适应刮削器。

无间隙自适应刮削器主要包括上、中、下连杆，刮削器，上、中、下接头，阻垢单向阀。其结构如图 4.28 所示。

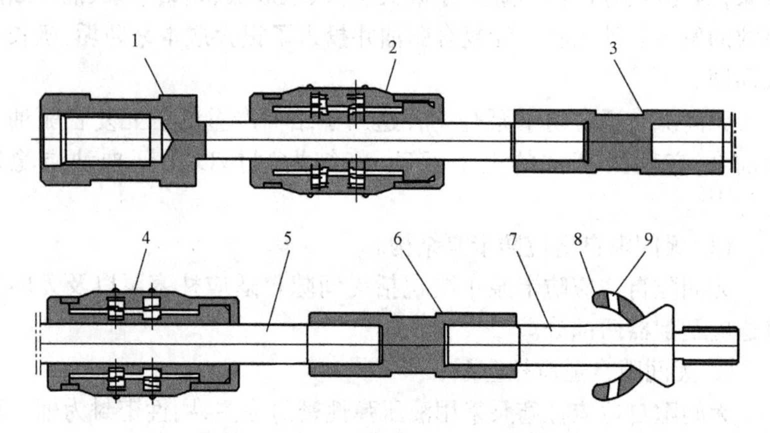

图 4.28　无间隙自适应刮削器结构

1—上连杆；2—上刮削器；3—上接头；4—下刮削器；5—中间连杆；6—中间接头；7—下连杆；8—阻垢单向阀；9—流道

刮削器套在连杆上，并且可以在连杆上一定距离内滑动，上连杆上端接抽油杆，下接头接无间隙自适应柱塞泵。

刮削器主要由限位器、扶正支撑体、中心体、刮削片、弹簧、压帽组成，其结构如图4.29所示。刮削片的数量有三个，为了实现对泵筒内壁进行360°无死角刮垢，三个刮削片互成120°，轴向错开一定的距离，焊接在扶正支撑体上。刮削片与刮削器之间安装一弹簧，弹簧自由状态时，刮削器的外径大过泵筒内径，工作时通过弹簧的径向压缩给泵筒内壁一定的压力，实现对泵筒直径无间隙自适应刮垢。

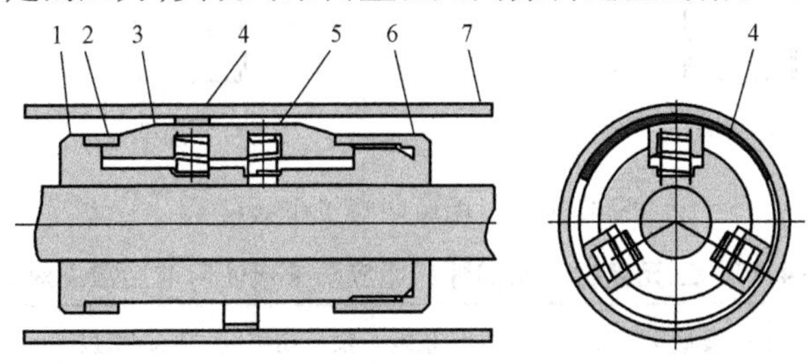

图4.29　刮削器

1—芯轴；2—限位块；3—扶正器撑体；4—刮削片；5—弹簧；6—压帽；7—泵筒

（2）工作原理。

由于刮削片的方向向上，因此只有在上冲程时能刮垢，在下冲程时，刮削片顺着泵筒内壁向下滑动，因此可以始终保持泵筒内壁不结垢。为了防止刮下的垢掉回泵内，在刮削器下端，下连杆接头斜面上设计了一个阻垢单向阀，上冲程过程中，阻垢单向阀卡在下连杆接头斜面，而刮下的垢掉到阻垢单向阀处无法再往下掉。下冲程时，柱塞向下运动，由于井液阻力，阻垢单向阀脱离下连杆接头斜面，井液从阻垢单向阀与下连杆之间流过，刮下来的垢颗粒随着井内流体流出井外，减少洗井作业。阻垢单向阀工作示意如图4.30所示。

（3）现场应用测试。

该三元复合驱无间隙自适应防卡泵已在国内多个油田的三元复合驱油井上应用（2012年），均具有提高泵效、延长检泵周期的作用。表4.12是某油田弱碱复合驱井应用该装置的效果。数据记录截至2012年12月，该泵已正常运行400多天，并且仍然在正常运行。

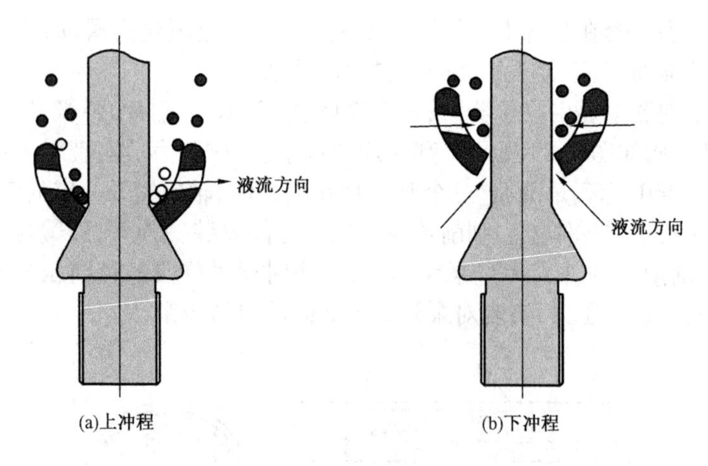

图 4.30　阻垢单向阀工作示意图

表 4.12　三元复合驱无间隙自适应防卡泵使用前后数据对比

项目	产液量 t/d	流压 MPa	动液面 m	泵效 %	聚合物浓度 mg/L^{-1}	见碱浓度 mg/L^{-1}	无故障天数 d
采用常规四级间隙整筒泵	81.4	2.9	504	48.3	1127	180	80
无间隙自适应防卡泵	121.4	1.08	874	57.3	1500	300	>400
差值	40	-1.82	370	9	373	120	>320

由表 4.12 可知，三元复合驱无间隙自适应防卡泵能有效提高泵效及产液量。提高检泵周期 5 倍以上。

4.5.1.4　液气混抽强制排气抽油泵

当油井中井液的气油比较高时，对泵效会产生较大影响，主要原因是井液中气体的影响，使泵充满度降低，严重时造成气锁。为了减小气体对泵的影响，一般需要下入气锚工具，气锚工具可将一部分气体分离出来，但当气油比很大时，气锚的气体分离效果并不理想。

液气混抽强制排气泵是 2011 年研制成功的，对高气油比井采油有很好效果的新型抽油泵。

(1)泵结构及工作原理。

图4.31是液气混抽强制排气泵(简称液气泵)的工作原理示意图。

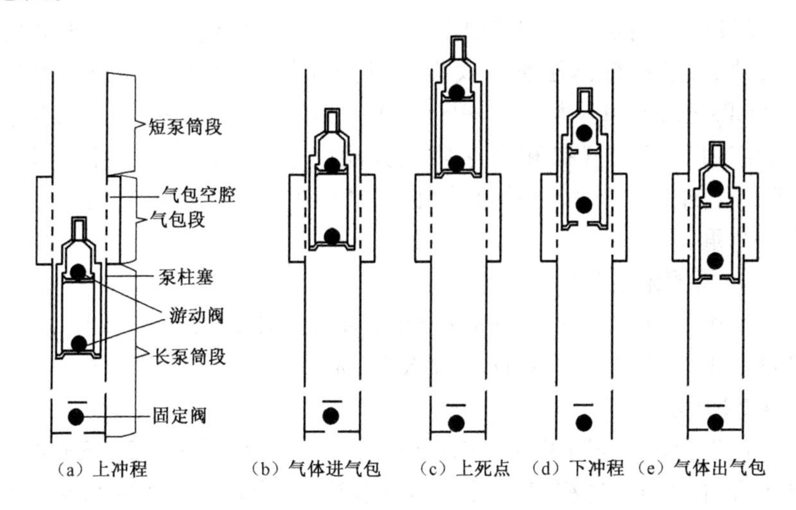

图4.31　液气泵工作原理示意图

液气泵与常规泵的唯一区别是在泵筒中部多了一个气包段,气包段为空腔结构,气包段的衬套上有用于通气的孔隙,让气包空腔与泵腔相互连通。

液气泵的工作过程如图4.31所示,(a)上冲程中柱塞到达气包段之前,工作原理与常规抽油泵相同;(b)中柱塞下端面高于气包段下端面,气包空腔与泵内连通,泵内气体与气包内液体在密度差异重力作用下对流,气体进入气包空腔并上升至空腔上部;(c)中抽油机到达上死点,泵筒内形成上气下液的分布;(d)中柱塞向下运动,排挤泵腔内气体到气包空腔内,直至柱塞下端面到达气液界面,这时气体全部进入气包空腔;(e)中柱塞继续向下运动,泵内压力继续升高,直至游动阀打开,泵开始排液,泵的工作情况与常规抽油泵完全充满液体情况相似。当柱塞上端面低于气包段上端面时,气包空腔与泵上连通,气包内气体与泵上液体对流,气体进入泵上油管内,泵上液体流入气包空腔[19]。

由此可见,进入泵的气体通过气包空腔排到泵上,经油管排到井外,气体不经过游动阀,避免了气体对打开游动阀的影响,能够强制排气。

(2)现场应用测试。

2011 年,将液气泵在某油田进行了下井测试,测试区块为低孔特低渗油藏,采用整体压裂方式投产,地面原油密度 0.84g/cm^3,黏度 18.5mPa·s,饱和压力 19.2mPa,气油比 149.6m^3/t。先后在 8 口井上配套应用了组合气锚和伞形多级分离气锚,8 口井平均日产量由 4.9m^3 上升为 5.3m^3,平均泵效由 20.20% 上升为 24.50%,可见气体影响严重。

① 常规泵生产情况。

采用深抽工艺,下泵深度 2400m,ϕ44mm 抽油泵,未使用气锚,日产液量 4.8t,日产气量 411m^3,含水 6.5%,泵效 15%。实测示功图如图 4.32 所示。

由生产数据与图 4.32 可以看出,抽油泵受气体影响严重,下冲程卸载困难,有效排液冲程很短,上冲程加载缓慢,最大载荷高达 120kN,按 D 级抽油杆强度计算,抽油杆应力范围比 1.53,超应力范围。

② 液气泵生产情况。

在同一口井上使用液气泵采油,其他工艺参数与使用常规抽油泵时相同。对应的日产液量为 22.2t,日产气量为 2417m^3,含水 7.5%,泵效 69%。实测示功图如图 4.33 所示。由图 4.33 可知:下冲程 0.7m 后开始卸载,符合液气泵示功图特点,抽油泵充满程度较高,泵效大幅提高,最大载荷降为 107.3kN,抽油杆应力范围比为 1.06。

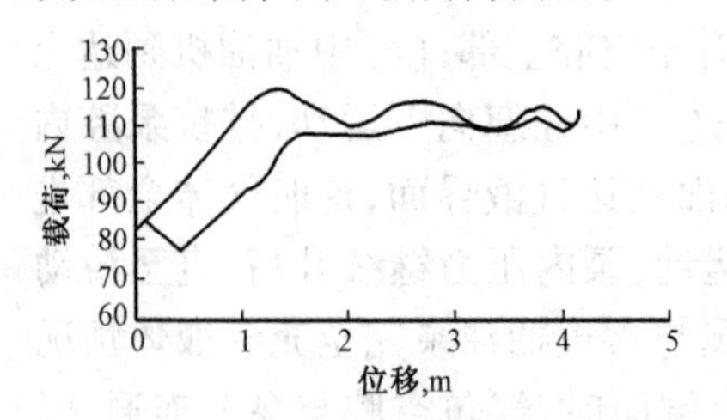

图 4.32 使用常规抽油泵采油实测示功图

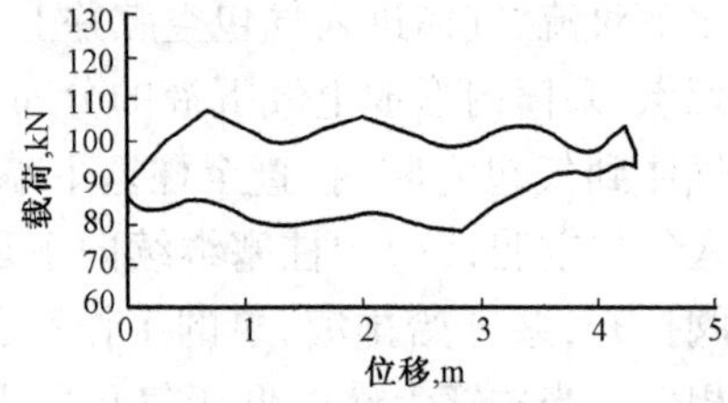

图 4.33 使用液气泵采油的实测示功图

之后又在多个油井做了测试，测试数据见表4.13。

表4.13 实施液气泵采油后的增油数据

井号	生产参数	日产液，t/d	日产油，t/d	日产气，m^3/d	日增油，t/d
1	44×6×2×2300	7.2	7.0	319	3.1
2	44×4×3.4×2205	14.3	4.9	56	3.1
3	44×4.2×1.8×2000	2.1	1.6	28	0.1
4	44×5×2×2000	21.3	2.9	—	0.7
5	44×5×2×1800	17.5	2.9	195	0.4
6	44×4.2×3.5×2400	19.6	17.6	1719	13.5

由表4.13可见，日产气量大的井增产效果明显，而日产气量少的井增产效果不明显。由于气包空腔具有强制排气作用，能够降低活塞压缩泵内气体的无效行程，所以液气泵对气体影响严重的油井增产效果好。

液气泵是对常规抽油泵进行改进，采用气包空腔输送气体，具有强制排气作用，可以避免抽油泵气锁，适用于高气油比油井，液气泵通过强制排出气体，使抽油泵正常工作。

4.5.2 井下节能工具

4.5.2.1 抽油机井防偏磨技术

有杆抽油机的所有部件中，抽油杆是系统的薄弱环节，抽油杆常见事故有：断、脱、偏磨、腐蚀、腐蚀加偏磨。

在垂直抽油机井中，抽油杆柱带动泵往复运动。上冲程时，抽油杆处于受拉状态，不产生弯曲。而在下冲程时，由于抽油杆受压，当压力达到一定值时，使抽油杆弯曲，导致抽油杆与油管产生摩擦。在抽油杆节箍处，由于比抽油杆其他地方略大，因此节箍处磨损更为严重。磨损严重时，导致抽油杆断脱或将油管磨穿。下泵越深，偏磨越严重。

随着油田聚合物驱开采的不断深入，管杆偏磨事故也不断增加。究其原因，主要是由于聚合物驱采出液黏度增加，结垢频繁，导致泵柱塞与衬套之间的摩擦阻力及过游动阀的阻力增加，导致抽油机在下冲程时,泵塞难以下行,造成抽油杆受挤压发生弯曲,并与油管接触,最终造成偏磨。造成杆管偏磨的原因不仅与抽油泵结垢有关,还与抽汲参数、下泵深度等有关。

抽油杆管杆偏磨是抽油杆断裂、油管磨穿、漏失、油层套管破坏的一个主要因素,目前各油田均有30% ~40%的油井存在不同程度的偏磨现象。因此,研究偏磨的防治方法,就成为油田降低成本、提高产量的迫切任务。

井下防偏磨工具有很多种,各自采用不同的防偏磨方法,实用性及效果也各有差异[20]。

(1)叶片式抽油杆扶正器技术。

叶片式抽油杆扶正器属于抽油机井与抽油杆配套防偏磨的扶正装置。它安装在抽油杆上,由叶片、叶片托组成。由于它的叶片薄,比常规叶片长,叶片托的直径与接箍一致,增大了接触面积,但由于减少了投影面积,因而扶正体的阻力不会增加,可供磨损的体积增大。

通过实际应用,使平均单井延长检泵周期79d,且起出后扶正杆偏磨轻微,抽油机最大悬点载荷未明显增加。有效解决了大泵偏磨井扶正难的问题。

(2)双向保护抽油杆接箍技术。

在普通接箍表面涂覆一层耐磨、耐腐蚀减摩擦涂层,经过特殊表面加工处理而成,它具有耐磨损、耐腐蚀、减摩阻三大功能。在抽油杆上下运动过程中能够减小杆与油管的相互摩擦,可以较好地解决抽油杆接箍的偏磨问题,既能保护接箍又能保护油管,防止和减缓它们的磨损。

通过实际应用,结果表明,该技术对稠油井、腐蚀井应用效果理想,平均延长检泵周期88.9d。但需要与扶正器等配合使用才能更有效地减缓偏磨。

(3)螺旋尼龙扶正器技术。

XFZ螺旋短节式尼龙扶正器,连接在抽油杆上,利用抽油机上、下冲程带动抽油杆上的螺旋扶正器旋转,使偏磨的位置不固定在一个点上,从而延长扶正器磨损时间,又起到扶正刮蜡的作用,可以大大延长管、杆、泵的使用寿命,延长减泵周期,切实做到了既增加油井产量又降低生产成本,是一种理想的防腐偏磨材料。

通过实际应用,该技术平均延长检泵周期43.6d。

(4)油管旋转防偏磨技术[21]。

抽油机井下杆管偏磨是一种常见现象,目前也不能从根本上避免,只能尽可能减轻磨损。当发生杆管偏磨时,抽油杆总是与抽油管上某一点产生摩擦,长时间摩擦导致油管磨穿等事故。油管旋转器是在井口对油管施加旋转力,迫使油管发生旋转,从而使油管整个圆周面轮流参与摩擦,避免偏磨。图4.34为油管旋转器结构原理图。

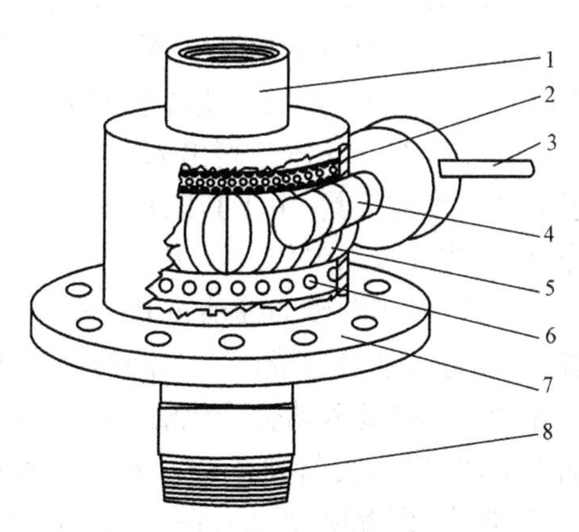

图4.34 油管旋转器结构原理图

1—上压盖;2—扶正轴承;3—压柄;
4—蜗杆;5—蜗轮;6—承压轴承;
7—机壳;8—油管接头

通过实际应用,起出油管后发现油管内表面周向较均匀磨损的痕迹,改变了以往单向偏磨的现象,说明底部油管能够在油管旋转器的带动下旋转,达到让油管均匀磨损、延长油管使用寿命的目的。平均检泵周期延迟了87d。

4.5.2.2 油管锚定

在有杆泵抽油过程中,由于摩擦等原因使杆管在上、下冲程时伸缩产生一定的冲程损失,计算表明,冲程损失主要与动液面深度有关,动液面越深,冲程损失越大。由于抽油杆的伸缩目前尚无有效的控制方法,因此,现场主要采用了控制油管伸缩的方法来减少冲程损失。目前,油管锚定工具有多种,由于结构原理的不同,现场应用效果也不相同,各有优缺点。油管锚定工具如图4.35所示。

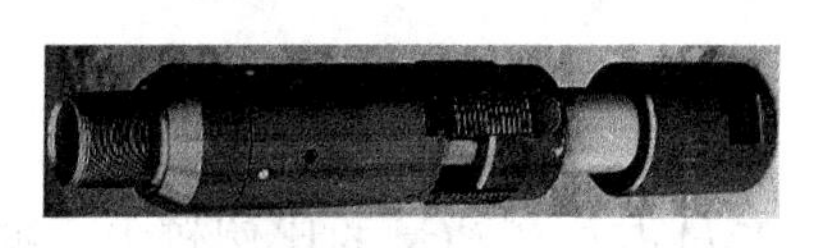

图4.35 油管锚定工具

4.5.2.3　气锚与砂锚

抽油机井中,由于气体的影响,导致泵效低,为减小气体影响,一方面可以通过合理调节泵挂深度来减小气体影响,另一方面,对于含气高,气体影响严重的井则需要安装气锚,气锚的作用是在井下流体进入泵前将部分气体分离出来,减小气体对泵的影响,提高泵效。对于常规式气锚工具,由于其工具短,气体很容易充满工具,油气不易充分分离,防气效果欠佳。

另外,对于含砂的抽油机井,其危害更大,主要表现为:使井下设备严重磨损,甚至造成砂卡;冲砂检泵、地面清灌等维修工作量剧增;砂埋油层或井筒砂堵会造成油井停产;出砂严重时还会造成井壁甚至油层坍塌,损坏套管造成油井报废。我国疏松砂岩油藏分布范围较大、储量大,因此防砂成为各大油田油井开采的重要环节。防砂的方式有机械防砂、化学防砂和复合防砂,防砂方式的选择以试井资料为依据,以获得最大产能为目标,综合考虑选择技术可靠、经济合理的防砂方法。

从采用机械式防气防砂来讲,对于含气高的井应该使用气锚,对于含砂井应该使用砂锚,对于同时含气和砂的井可采用同时具有防气和防砂功能的气砂锚,以降低开采成本,延迟检泵周期,图 4.36 是一种旋转式气砂锚工具结构图。

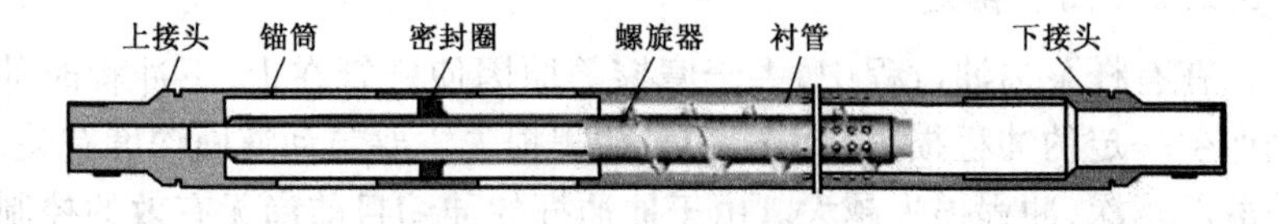

图 4.36　旋转式气砂锚结构图

4.6　稠油降黏技术

稠油在我国的分布广,储量大,产量占总产油量的比例较大。稠油与常规轻质原油相比,不同之处在于:

(1)黏度高,密度大,流动性差。这不仅增大了开采难度和成本,而且使油田的最终采收率非常低。

(2)稠油中轻质组分含量低,而胶质、沥青含量高。

(3)稠油黏度对温度敏感。随着温度升高,稠油的黏度显著降低。

稠油开采的关键在于提高原油的流动能力,包括在油层、井筒和地面输送管道的流动能力。因此,降低井下稠油的黏度,使复杂的稠油问题转化为稀油问题是提高采收率的关键。

4.6.1　掺稀降黏

当稠油和稀油的黏度指数接近时,混合油黏度按式(4.9)计算:

$$\lg\lg\mu_h = x\lg\lg\mu_x + (1-x)\lg\lg\mu_c \tag{4.9}$$

式中　μ_h,μ_x,μ_c——混合油、稀油、稠油在同一温度下的黏度,mPa·s;

x——掺稀油与混合油的质量比。

由于稀油来源广、数量多,因此采用掺稀油的方法进行降黏。掺稀降黏对于含蜡量和凝固点较低而胶质和沥青质含量较高的高黏原油,其降凝降黏作用比较显著。而对于含蜡量和凝固点都比较高的原油,其降凝降黏作用较差。所掺稀油的相对密度和黏度越小,掺入量越大,降凝降黏效果越好。在高于混合油凝固点温度时,掺入稀油后可改变稠油的流体类型,使其从屈服假塑性流体或假塑性流体转变为牛顿流体。

虽然掺稀降黏具有较好的降黏效果,但是,该方法需要有稀油源油田提供稀油,另外,掺稀后变为混合含水油,需再次脱水,增加能源浪费[22]。

4.6.2　加热降黏

由于稠油对温度敏感,加热能使稠油黏度大幅下降,特别是超稠油和特稠油,因此,热力采油是一种非常有效的提高采收率的降黏措施之一[22]。

加热降黏的方法有注热载体加热、电加热和热化学加热,对于注热载体加热技术,一般采用热容量大,对油井不会造成伤害,经济且易得到的载体,如热油、热水、蒸汽等。而最有效的热载体是饱和的蒸汽，由于蒸汽气化的潜热，具有比水高得多的热量。它在地层中占有比热水大20～40倍的体积，能达到80%～90%的驱替效益。

4.6.2.1 蒸汽吞吐降黏法

蒸汽吞吐又叫循环注入蒸汽法，它是周期性地向油井中注入蒸汽，将大量的热能带入油层的一种稠油增产措施，注入的热量能使原油黏度大大降低，从而提高油层和油井中原油的流动能力，起到增产的作用。

这种方法是在同一油井中注蒸汽和采油，每一个吞吐周期都需要经过注汽、焖井和采油三个阶段，具有响应速度快、油气高、可多次吞吐等优点。但该方法在实施降黏技术前期具有较好的降黏效果，随着地层能量的不断减少和吞吐时间的不断增加，蒸汽热效率降低，周期生产效果也会越来越差。

4.6.2.2 蒸汽驱降黏法

蒸汽驱降黏法是在一口井或多口井中连续注入蒸汽，将原油加热降黏后驱替到周围油井，从而具有连续生产的特点，但蒸汽驱需要经过一段较长时间才能收到成效，效率低，费用回收期较长。

4.6.2.3 电加热降黏法

电加热技术是利用电热杆或伴热电缆，将电能高效地转化为热能，提高井筒流体温度，使原油在井筒内具有较好的流动性，从而提高采收率。

(1)自控伴热电缆加热。

自控伴热电缆有两个相距约10mm的平行导线，导线之间采用半导电材料填充。半导电材料通电时会发热，并且随温度升高发生膨胀来改变其电阻，起到自动控制温度的作用。

自控伴热电缆可以控制温度，保持井筒内恒温，当温度达到析蜡温度以上时，可起到防蜡作用。但井下作业和维修麻烦，且一次性投资大。

(2)电热空心抽油杆。

电热空心抽油杆由变扣接头、终端器、空心抽油杆、整体电缆、传感器、空心光杆、悬挂器等组成。空心抽油杆内部的电缆与抽油杆底部的终端器构成电流回路，在电缆线和杆体上形成趋肤效应使抽油杆发热。

电热空心抽油杆加热，杆内具有温度传感器，温度可控性好，能有效降低原油黏度，并起到防蜡作用；另外，空心抽油杆比普通抽油杆更轻，可降低抽油机悬点载荷，在提高采收率的同时降低了抽油机能耗。

电加热技术不仅用于井下降黏，对于一些结蜡严重的油井，由于光杆处温度较低，造成光杆结蜡，这时光杆与密封圈摩擦增大，导致抽油机载荷增加。因此，对于这种油井，可采用空心光杆，在空心光杆中放入电缆，使光杆发热，防止光杆表面结蜡，减小光杆功率损失。

4.6.2.4 火烧油层降黏法

火烧油层是采用点火方式将稠油井开采的油层点燃，并持续向井内注入空气或氧气以维持油层燃烧并形成燃烧前缘，又称燃烧带。燃烧带附近的原油受热降黏、蒸馏。燃烧方式有干式向前燃烧、反向燃烧和湿式向前燃烧三种方式，湿式燃烧是新发展的方法，相比其他两种方法，其耗风量要少很多，但驱油效率更高。

火烧油层降黏法具有广泛的油藏适用条件，对稠油和残余油开采的一种具有诱惑力的热采技术。火烧油层烧掉的是原油中10%的重组分，改善了剩余油的性质，并且燃烧热量在井内产生，外部只需注入空气，与蒸汽驱相比，具有更高的热能利用率和更低的成本。但火烧油层也会对油井造成危害，比如：燃烧时会形成乳状液和酸性气体，乳状液使油井产能降低，酸性气体会加速管柱及地面设备的腐蚀。另外，还会导致原油中的蜡、沥青沉淀，堵塞地层和井筒。

虽然火烧油层法有很多缺点，但目前看来还是一种十分有效的热采技术，通过大量的现场试验与论证，火烧油层采油技术的价值得到了广泛认可。

4.6.3 改质降黏

改质降黏是利用稠油在简单的热作用下可以发生减黏裂化和热裂解而改质的原理使大分子烃分解为小分子烃来降低原油黏度的

方法。

稠油井下改质降黏技术是将加氢改质降黏、水热裂解降黏、催化水热裂解改质降黏和供氢催化改质降黏技术综合应用的降黏技术。通过向井下注入高温高压蒸汽的同时加入催化裂解的催化剂、供氢体等其他助剂,使原油在井下发生裂解,由大分子烃分解为小分子烃。改质后得到低黏、优质的合成原油,另外所得的副产品渣油可用来产生氢气、加热蒸汽驱动汽轮机发电、加热蒸汽锅炉产生蒸汽继续向井下输送高温蒸汽等[23,24]。

目前,改质降黏技术在国内外都处于先期研究试验阶段,但从试验结果来看,还是取得了理想的效果,是未来稠油降黏开采技术的发展趋势之一。表4.14是IFP公司以加拿大稠油进行的试验结果,国内某油田开展改质降黏试验也取得了很好的降黏效果。

表4.14 加氢降黏裂化法参数

地区	相对密度,g/cm^3		40℃黏度,mPa·s	
	加氢前	加氢后	加氢前	加氢后
诺得明斯特原油	0.962	0.942	480	10
阿萨巴斯卡原油	0.998	0.969	2600	60
冷湖原油	0.994	0.968	6000	100

4.6.4 化学降黏

化学降黏是在原油中注入化学药剂,通过化学作用降低原油黏度,使其在常温下具有良好的流动性。化学降黏是一种工艺简单、成本低廉、效果明显的稠油开采方法,也是稠油降黏的普遍方法之一。

化学降黏方法需要根据不同的油井生产情况及原油特性选择合适的化学降黏剂,一般分为三大类:冷采降黏剂、注蒸汽井热采降黏剂和水热催化裂解降黏剂,它们的作用都是使稠油乳化,降低油水界面张力,增强原油流动性以便采出。按照降黏技术来分,主要包括:蜡晶改进剂降黏技术、稠油催化降黏技术、表面活性剂降黏技术和稠油加碱降黏技术。

虽然化学降黏是一种有效且简单的降黏技术,但并不能将原油中的蜡晶、胶质、沥青完全溶解,只能起到抑制和分散的作用,特别是已达到极限降黏效果后仍不能满足采油工艺时,化学降黏就显得力不从心,往往需要与其他降黏工艺配合使用。

4.6.5 微生物降黏

微生物降黏是一种利用微生物菌种在繁殖代谢时产生的产物对油藏原油、地层产生作用,提高原油流动能力或改变液流方向,从而提高注水波及体积,提高原油采收率。微生物降黏的方法有两种:一种是将培养基、生物催化剂和筛选的微生物种群注入油层,通过微生物在油层的代谢活动降低原油黏度;另一种是在地面采用微生物发酵生产的生物聚合物、生物表面活性剂等,通过聚合物驱和表面活性剂驱机理降低原油黏度,从而提高采收率[25]。

微生物降黏采油适合于枯竭油藏,提高油藏最终采收率的最为经济的方法。另外,还可延长油井的开采期,推迟油井报废时间,提高单井原油总产量。因此,微生物降黏是稠油开采后期冷采降黏的最好方法,既经济又高效。

虽然微生物降黏采油具有很大优点,但实施微生物采油对油井环境要求苛刻,并且作用周期长,期间油井需要停井,并需要向油井中补充有机营养。

4.7 抽油机井运行参数优化设计与节能潜力分析

抽油机井工作参数直接影响着固定资产的投资规模、单井平均耗电量和运行费用等。而且,随着油田开发时间的延长,油井必然会出现低液面、低流压、综合含水上升、产量递减率增大等问题,导致抽油机设备或运行参数配置不合理,对油田稳产造成威胁。因此,设计抽油机井工作参数时需要尽可能地满足油井在一定生产阶段的需要。对于运行中的抽油机井,由于在开发过程中,底层能量降低等情况影响,导致液面和流压降低,泵效也降低,若不及时调整泵挂深度和沉没度,则可能导致抽油泵干抽,损坏抽油设备。

抽油机的有效功率主要受到有效扬程和产液量的影响。一般来说，无论是什么机型和抽汲参数，系统效率都将随油井有效扬程的增加而增加，但它们并不是线性关系，系统效率增加的趋势随着有效扬程的增加而逐渐变缓，直至达到最大值。这是由于，当下泵深度一定时，抽油泵的沉没度随着扬程的增加而变小，导致抽油泵的排量系数下降，使抽油泵产量减少，但沉没度越大，气体对泵的影响越小。因此，要提高系统效率，必须保持合理的沉没度，找到产量与沉没度的最佳结合点，进而合理匹配生产参数。

参数调整后，油井产液量及理论排量都将发生变化，泵效也将相应地发生变化。为了获得参数调整后较高、较合理的泵效，通过对影响泵效的主要因素冲程损失、泵充满度、漏失进行分析，在满足产量要求的基础上，获得在较高系统效率下最合理的理论抽汲参数[22,26,27]。

4.7.1 产量及沉没度预测

抽油机井参数调整后，其产液量将发生变化，所对应的流压、沉没度也将发生变化，它们之间的关系可由沃格尔方程来表示，即式(4.10)：

$$\frac{Q}{Q_{\max}} = 1 - c\frac{p_{\mathrm{w}}}{p_{\mathrm{r}}} - (1 - c)\left(\frac{p_{\mathrm{w}}}{p_{\mathrm{c}}}\right)^2 \tag{4.10}$$

$$Q = Q_{\mathrm{e}}\eta_{\mathrm{v}} = 360\pi D^2 S N_{\mathrm{s}}\eta_{\mathrm{c}} \tag{4.11}$$

$$p_{\mathrm{w}} = p_{\mathrm{x}} + (H_{\mathrm{z}} - L_{\mathrm{b}})\rho_{\mathrm{L}}g \tag{4.12}$$

$$p_{\mathrm{x}} = \rho_{\mathrm{L}}gh_{\mathrm{s}} + T \tag{4.13}$$

式中 Q——实际产液量，m^3/d；

Q_e——理论产液量，m^3/d，按式(3-33)计算；

p_r——地层压力，MPa；

Q_{max}——最大日产液量，m^3/d；

p_w——井底流压，MPa；

N_s——光杆实测平均冲次，min^{-1}；

S——光杆冲程，m；

η_v——泵效，按式(4.14)计算；

D——泵直径，mm；

L_b——下泵深度，m；

p_x——泵吸入口压力，MPa；

H_z——油层中深，m；

h_s——沉没度，m；

ρ_L——井液密度，t/m^3；

c——沃格尔参数($0 < c < 1$，与油井采出程度及油井污染程度有关系)；

T——常数(调参前可计算出来)。

通过式(4.10)至式(4.13)可知，若能预测出抽油机井调参后的泵效，便可以预测出抽油机井参数调整后的产量、沉没度及流压。

4.7.2　泵效预测

影响泵效的因素较多，把抽油泵的实际工作状态与理想工作状态相比较，可归结为四个方面：

(1)抽油杆柱和油管柱的弹性变形对柱塞冲程的影响。

(2)气体和泵充不满的影响。气体进泵或因油稠，或因泵的排量大于油层供液能力，使柱塞让出的泵空间不能完全被液体充满。

(3)漏失影响。抽油泵迸发、泵间隙以及油管都可能产生漏失。

(4)经地面脱气和冷却后液体体积收缩的影响。

由此，泵效可以分解为式(4.14)：

$$\eta_v = \eta_s \beta \eta_L / B_L \tag{4.14}$$

式中　η_s——柱塞冲程系数，可由式(4.17)计算；

β——泵的充满系数，可由式(4.19)计算；

η_L——漏失系数，可由式(4.24)计算；

B_L——液体的体积系数(表示液体从泵吸入状态到地面标准状态的体积变化)，按式(4.15)计算。

$$B_L = B_o(1 - f_w) + B_w f_w \tag{4.15}$$

式中 f_w——体积含水率；

B_o——无水原油体积系数；

B_w——水的体积系数。

因此，需要对冲程损失、泵充满度、漏失进行分析，得出它们对泵效的影响，才能预测泵效。

4.7.2.1　冲程损失影响

抽油机井在运行过程中，抽油杆柱及油管柱在载荷交替作用下发生弹性伸缩变形，使得活塞冲程缩短，因此，活塞冲程始终小于光杆冲程，管柱弹性伸缩量越大，活塞冲程与光杆冲程相差就越大，泵效也就越低。缩短量即为冲程损失，可由式(4.16)计算：

$$\lambda = \frac{A_p \rho_L L_f g}{E}\left(\sum_{i=1}^{m} \frac{L_{bi}}{A_{fi}} + \frac{L_b}{A_r}\right) - \frac{W_r S N_s^2 L_b}{1790 E A_{fi}} \tag{4.16}$$

式中 λ——冲程损失，m；

A_p——柱塞截面积，m^2；

A_f——抽油杆截面积，m^2；

A_r——油管横截面积，m^2；

E——弹性模量，钢材为 2.06×10^8kPa；

i——第 i 级杆柱；

m——共 m 级杆柱设计；

W_r——抽油杆在空气中的重量，kN。

柱塞冲程系数为柱塞实际冲程与光杆冲程之比，表示杆、管弹性伸缩对泵效的影响，由式(4.17)计算：

$$\eta_s = \frac{S - \lambda}{S} \tag{4.17}$$

由式(4.17)可知，除冲数 N_s 及冲程 S 与冲程损失有关外，其他参数均为井下管柱固有。可见，选用较长冲程 S，有利于减少冲程损失对泵效的影响程度。尽管提高冲次也有利于增大柱塞冲程，但快速抽汲增加了惯性力，使悬点最大载荷增加，最小载荷减小，使杆柱受力条件变差。

4.7.2.2 充满度影响

如图 4.37 所示，由于供液能力和分离气体的影响，使抽油泵不能充满，造成泵效下降。泵的充满度常用泵的充满系数 β 来表达，定义为式(4.18)，β 越高，则泵效越高。泵的充满系数与泵内气液比和泵的结构有关。充满度对泵效的影响可由式(4.19)计算：

$$\beta = \frac{V'_L}{V_P} \tag{4.18}$$

式中 V'_L——柱塞上行时实际吸入泵内的液体体积，m^3；

V_P——上冲程让出的泵筒容积，m^3。

抽油泵柱塞在其下死点位置时，吸入阀与排出阀之间的泵内容积称为 V_s，在余隙中充满气液混合物。

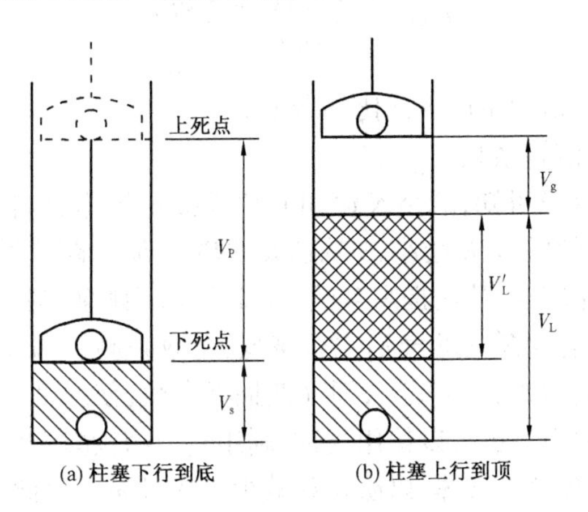

图 4.37 气体充满程度的影响

用 R 来表示泵内气液比，即：

$$R = \frac{V_g}{V_L}$$

式中 V_g，V_L——柱塞在上死点时，泵内气、液体积。

由图4.37可知：

$$V'_L = V_L - V_s$$

$$V_P + V_s = V_L + V_g$$

由此可得：

$$\beta = \frac{V'_L}{V_P} = \frac{V_P + V_s}{(1+R)V_P} - \frac{V_s}{V_P}$$

令$K = V_s/V_P$，（K为余隙系数），则：

$$\beta = \frac{1 - KR}{1 + R} \tag{4.19}$$

在泵内状态下的气液比R可表示为式(4.20)：

$$R = \frac{(1 - f_w)(R_P - \alpha p_w)}{0.1 + p_w} \tag{4.20}$$

式中 R_P——地面生产气油比，m^3/m^3；

α——溶解系数。

由式(4.19)可知，减小K值和R值是减小气体影响、提高充满系数的两个重要途径。K越小，β就越大，即减小防冲距或增大活塞冲程可提高泵的充满度，从而提高泵效，但前提是不碰泵；另外，R值越小，β就越大，即进入泵内的气油比就越低，泵效越高。因此可适当增加沉没度来提高泵的沉没压力，即降低抽汲参数，使原油中的自由气更多地溶于原油中。也可以使用气锚，利用气液密度差和液流转向等作用，在泵口处分离出气体，以防止和减少气体进泵。由此可见，一定条件下可通过降低抽油机井抽汲参数来提高泵沉没度，从而提高泵效，但沉没度并非越高越好。

4.7.2.3 漏失对泵效的影响

抽油系统中漏失部位包括：

(1)泵排出部分漏失。柱塞与泵筒的间隙漏失、游动阀漏失，都会使从泵内排出的液量减少。

(2)泵吸入部分漏失。固定阀漏失会减少进泵的液量。

(3)其他部分漏失。由于油管螺纹、泵的连接部分及泄油器密封不严而产生的漏失都会降低泵效。

在泵的游动阀、固定阀、油管等部位产生的漏失很难计算。可根据实测示功图分析漏失程度。此处讨论泵柱塞间隙的漏失量与抽汲参数之间的关系。

在静止条件下,可用式(4.21)来计算和分析柱塞间隙漏失量与其相关参数的关系。

$$q_1 = \frac{\pi D\delta^3 \Delta p}{12\upsilon L} \tag{4.21}$$

式中 q_1——静止条件下泵隙漏失量,m^3/s;

D——泵径,m;

δ——泵径向间隙,m;

Δp——柱塞两端的液柱压差,MPa;

υ——流体运动黏度,m^2/s;

L——柱塞长度,m。

但柱塞向上运动时,往上携带的液量按式(4.22)计算:

$$q_2 = \frac{\pi D\delta v_p}{2} \tag{4.22}$$

式中 q_2——柱塞向上运动携带的液量,m^3/s;

v_p——柱塞运动速度,m/s。

柱塞向上运动时的漏失量 q 按式(4.23)计算:

$$q = q_1 - q_2 = \frac{\pi D\delta^3 \Delta p}{12\upsilon L} - \frac{\pi D\delta v_p}{2} \tag{4.23}$$

由此可见,低黏度深井中的漏失量较大,提高泵柱塞的配合等级、增大柱塞长度和快速抽汲可减少漏失量。

因柱塞下行时,柱塞与泵筒不存在漏失,故漏失时间只计一半。如果仅考虑柱塞间隙漏失,则液体漏失系数 η_L 按式(4.24)计算:

$$\eta_L = 1 - \frac{B_L q}{2\eta_s \beta Q_e} \tag{4.24}$$

至此,便可计算出抽油机泵效 η_v 的值。

4.7.3 运动负荷预测

抽油机井参数调整后,光杆运行速度发生变化,因此抽油机井动载荷也会相应地发生变化,从而改变抽油机的运行负荷,负荷变化可能导致抽油机井不平衡及短杆等问题的发生,因此在参数调整时应考虑调整后负载的变化情况,见式(4.25):

$$W_{变} = W_{max} - W_{min} \tag{4.25}$$

$$W_{max} = (1 - \rho_L/\rho_r) q_r + \rho_L g L_b A_p + W_r \frac{SN_s^2}{1790}\left(1 + \frac{r}{l}\right)$$

$$W_{min} = (1 - \rho_L/\rho_r) q_r - W_r \frac{SN_s^2}{1790}\left(1 - \frac{r}{l}\right)$$

式中 ρ_L——液体密度,t/m³;

ρ_r——抽油杆密度,钢材为7.85t/m³;

L_b——抽油杆柱长度(即泵深),m;

W_r——抽油杆在空气中的重力,kN,可由式(4.26)计算;

q_r——每米抽油杆在空气中的重力,kN/m,可由式(4.27)计算(具体参考抽油杆数据进行计算);

r——曲柄半径,m;

l——连杆长度,m。

$$W_r = q_r L_b \tag{4.26}$$

由式(4.24)可知,参数调整后抽油机井运行负荷也将发生变化,参数越大,载荷变化越大。

对于多级杆柱设计,q_r 为其平均值,按式(4.27)计算:

$$q_r = \sum_{i=1}^{m} q_{ri} \varepsilon_i \tag{4.27}$$

式中 q_{ri}——第 i 级抽油杆每米自重,kN/m;

ε_i——第 i 级抽油杆长度占全长的比例。

4.7.4 调参井井下系统效率预测

在现场调参操作中,一般采取调整冲程或冲次的单一措施,即固定某一参数,调整另一参数而获得较高井下系统效率的测算方法。抽油机井下有效功率可以由式(4.28)表示:

$$P_Y = \frac{Q_e \rho_L g H}{86400000} \eta_r \tag{4.28}$$

式中 P_Y——抽油系统有效功率,kW,也可按式(3.24)计算。

由式(4.28)可见,当泵的理论排量下降,充满度、泵效上升,系统效率上升;当理论排量下降到一定值时,有效举升高度 H 下降,系统效率也下降。即对每口井都存在合理的理论排量点,从而为抽汲参数的优化调整提供了理论依据。

由于在水驱油井中,运动液体的黏度较小,与抽油杆、油管间的摩擦载荷比较小,因此杆管间的摩擦载荷可忽略不计。则光杆功率由式(4.29)表示:

$$P_C = \frac{\rho_L g L_b A_p}{600000} S N_s \tag{4.29}$$

式中 $\rho_L g L_b A_p$ 表示整个柱塞上的液柱载荷。则,抽油机井井下系统效率 η_D 按式(4.30)计算:

$$\eta_D = \frac{P_Y}{P_C} \tag{4.30}$$

由此,建立了抽油机井井下系统效率与理论排量、泵效之间的关系。分析可知,必然存在一点,使井下系统效率达到最大值,也就是井下系统效率函数的导数 $\eta' = 0$。固定某一参数,计算另一参数,经过数学推导就可得到优化的调整参数。

但由于系统效率为地面效率与井下效率的乘积,并且井下效率提高可能会导致地面效率降低,因为调整参数后可能会导致抽油机悬点载荷增加。因此仅仅考虑井下效率是不够的,还需要重新对系统效率进行预测。对参数调整前后抽油机系统效率进行比较,综合考虑投入成本与节电率,分析抽油机井的节能潜力,从而确定抽油机井是否适合调参。

2011 年国内某采油厂通过对以上分析数据进行建模,设计了运行中油井参数优化软件,经程序运行得到某井参数优化的结果见表 4.15。通过表中程序运行结果,可以发现 4.2m,$3min^{-1}$ 参数组合最为合适,能实现较高的系统效率,为此,可根据原井的情况进行调参操作。经现场调参后与实际调参后效果对比,预测值和实际值误差较低,预测误差率平均为 7.23%。

表 4.15 各参数组合下的指标预测结果

项目	各参数组合下的指标预测结果(冲程,冲次)					
	4.2m, $5min^{-1}$	4.2m, $4min^{-1}$	4.2m, $3min^{-1}$	3.6m, $5min^{-1}$	3.6m, $4min^{-1}$	3.6m, $3min^{-1}$
产液量,t/d	46.7	43.51	38.65	44.34	40.81	35.45
泵效,%	40.15	46.76	55.39	44.48	51.17	59.26
沉没度,m	155.1	210.58	293.99	196.14	257.07	348.33
最大负荷,kN	42.5	41.7	41.07	42.18	41.49	40.96
最小负荷,kN	21.3	21.78	22.16	21.49	21.9	22.22
系统效率,%	27.9	30.1	31.39	29.22	30.75	30.6

另外,开发机采井参数优化软件能很大程度上节约人力成本,提高参数优化效率。采油厂根据本厂井深和油层条件,开展抽油机举升系统参数优化合理匹配技术研究,建立杆、管、泵、参数优选数学优化模型,根据每口井的基本参数,通过优化软件分析,自动生成优选出的合理杆管组合、泵径、泵挂深度及抽汲参数,既方便又快速准确,提高了工作效率。

4.8 抽油机管理节能技术

抽油机井系统效率不仅与系统设备有关,同时也与抽油机井管理水平有关,日常管理(特别是平衡管理)水平的高低直接影响着采油系统各部分的效率和各设备的使用寿命。抽油机不平衡时会增加抽油机曲柄扭矩变化范围,对四连杆机构、减速器、电动机的效率和寿命产生影响,并且会增大电动机损耗,使系统能耗升高,从而导致系统效率降低。除抽油机平衡管理外,对地面设备的保养、维护等不到位,如变速箱、四连杆轴承等的缺油,都会增加磨损功率损耗,降低抽油机系统效率。因此,加强抽油机系统的管理,对提高系统效率、延长抽油机设备使用寿命有很大帮助。

4.8.1 抽油机井调平衡技术

抽油机的平衡调整是油田采油设备管理中的一项重要工作。根据 Q/SY 1233《游梁式抽油机平衡及操作规范》,抽油机平衡的判别可采用功率平衡法,无测试条件的单位,也可采用电流平衡法进行判别。

4.8.1.1 平衡判别

当功率平衡度 $\overline{PBF}$ 小于 0.5 时,可判定抽油机不平衡,需对抽油机进行平衡调整。

电流平衡度和功率平衡度都可以对抽油机平衡度进行判别,但由于抽油机电流平衡测试仪器简单便携,所以各大油田一直采用电流平衡法调整抽油机平衡。电流平衡法实际上是使抽油机上、下冲程中减速器曲柄的最大净扭矩相等,因此电流平衡度并不能全面地反映出曲柄轴扭矩在整个周期内的波动情况,导致假平衡现象,并且在现场测试过程中发现,电流平衡井并非耗电最低,而功率平衡井相比之下耗电更低。

SY/T 5044《游梁式抽油机》中规定:抽油机平衡状态是指抽油机减速器转矩的均方根值最小的状态。功率平衡度才是抽油机平衡的最佳判定标准,处于平衡状态时,抽油机在上、下冲程做相等的正功,即功率平衡度等于1。因此,对于有条件的油田,尽量采用功率平衡法进行判别。

4.8.1.2 平衡调整计算方法

抽油机的平衡按 SY/T 5044《游梁式抽油机》中的均方根扭矩最小法则或上下冲程中最大扭矩相等的法则确定。通过平衡调整,使平衡扭矩拟合悬点载荷扭矩的镜像，从而减少减速器扭矩的波动，使减速器扭矩最小化。平衡调整应优先保证减速器扭矩的峰值不超过减速器额定扭矩，在此基础上尽量使减速器扭矩的均方根值最小。平衡的计算式按 Q/SY 1233《游梁式抽油机平衡及操作规范》的规定进行。

(1)新安装曲柄平衡抽油机的曲柄平衡块位置的计算。

对于曲柄平衡的抽油机，其曲柄平衡块的安装半径 r 按式(4.31)计算：

$$r = \frac{(W_g + W_1/2 + G)S - 4G_b r_b}{2nG_q} \times 100\% \tag{4.31}$$

式中 r——曲柄平衡块的安装半径，m；

W_g——抽油机井杆柱的重量，kN；

W_1——活塞上承受液柱的重量，kN；

G——抽油机的结构不平衡重，kN；

S——光杆冲程，m；

G_b——单块曲柄的重量，kN；

r_b——曲柄重心到减速器输出轴的距离，m；

G_q——单块曲柄平衡块的重量，kN；

n——准备安装的曲柄平衡块的数目。

(2)新安装游梁平衡抽油机的曲柄平衡块重量的计算。

对于游梁平衡的抽油机，其游梁平衡块的重量 G_y 按式(4.32)计算：

$$G_y = \frac{(W_g + W_1/2 + G)S - 4G_b r_b}{H_y} \times 100\% \tag{4.32}$$

式中 G_y——游梁平衡块的重量，kN；

H_y——游梁平衡块上、下移动的高度差，m，可按式(4.33)计算。

$$H_y = L_y\left[\sin\left(\frac{S}{2A} - \alpha\right) - \sin\left(\frac{S}{-2A} - \alpha\right)\right] \tag{4.33}$$

式中 L_y——抽油机平衡臂长度,m;

A——抽油机前臂长度,m;

α——游梁平衡角(下偏角),rad。

(3)新安装复合平衡抽油机的平衡量的计算。

对于曲柄平衡的抽油机,其平衡量按式(4.34)计算:

$$2rnG_q + G_yH_y + 4G_br_b = (W_g + W_1/2 + G)S \tag{4.34}$$

可以按照式(4.31)确定最大曲柄平衡块位置,按式(4.32)确定最大游梁平衡块重量,实际的曲柄平衡块位置和游梁平衡块重量在上述最大值之间选取。可以选取游梁平衡块重量代入式(4.34),计算出曲柄平衡块位置;也可以选取曲柄平衡块位置代入式(4.34),计算出游梁平衡块重量。

(4)运行中曲柄平衡抽油机的曲柄平衡块调整量的计算。

对于运行中的曲柄平衡的抽油机,其曲柄平衡块的安装位置调整量按式(4.35)计算:

$$\Delta r = \frac{(\overline{P_{2S}} - \overline{P_{2X}})\sqrt{\eta_T} \times 60}{8nG_qN_s} \tag{4.35}$$

式中 Δr——曲柄块的安装位置调整量,m;

$\overline{P_{2S}}$——上冲程电动机平均输出功率,kW;

$\overline{P_{2X}}$——下冲程电动机平均输出功率,kW;

η_T——抽油机的机械传动效率;

N_s——光杆平均冲次,min^{-1}。

Δr 为正时,表示向外调整,反之,向内调整。

$$P_{2i} = P_{ei} - P_0 - 3I_i^2R - KP_{ei} \tag{4.36}$$

式中 P_{ei}——电动机瞬时输入功率,kW;

P_0——电动机空载功率,kW;

I_i——电动机瞬时线电流,A;

R——电动机定子直流电阻,kΩ;

K——损耗系数,随电动机杂散耗、转子铜耗的增加而增加,一般取0.01。

当不知道电动机型号或不方便测试电动机的空载功率和定子电阻,因而无法计算电动机的输出功率时,抽油机曲柄平衡块的安装位置调整量Δr也可按式(4.37)计算:

$$\Delta r = \frac{(\overline{P}_S - \overline{P}_X)\sqrt{\eta_D} \times 60}{8nG_q N_s} \tag{4.37}$$

式中 $\overline{P}_S$——上冲程电动机平均输入功率,kW;

$\overline{P}_X$——下冲程电动机平均输入功率,kW;

η_D——抽油机井的地面效率,按式(3.35)计算,如果只测试了电力曲线而没有进行系统效率测试,需要进行平衡调整时,$\sqrt{\eta_D}$的值取0.8~1.0。

(5)运行中游梁平衡抽油机的游梁平衡块调整量的计算。

对于运行中的游梁平衡的抽油机,其游梁平衡块的重量调整量ΔG_y(kN)按式(4.38)计算。ΔG_y为正表示要增加游梁平衡块的重量,反之减少游梁平衡块的重量。

$$\Delta G_y = \frac{(\overline{P_{2S}} - \overline{P_{2X}})\sqrt{\eta_T} \times 60}{4H_y N_s} \tag{4.38}$$

当不知道电动机型号或不方便测试电动机的空载功率和定子电阻,因而无法计算电动机的输出功率时,抽油机曲柄平衡块的调整量ΔG_y也可按式(4.39)计算:

$$\Delta G_y = \frac{(\overline{P}_S - \overline{P}_X)\sqrt{\eta_D} \times 60}{4H_y N_s} \tag{4.39}$$

(6)运行中复合平衡抽油机的平衡量的计算。

对于运行中的复合平衡的抽油机,其平衡方程见式(4.40):

$$H_y \Delta G_y + 2\Delta rnG_o = \frac{(\overline{P_S} - \overline{P_X})\sqrt{\eta_D} \times 60}{4N_s} \tag{4.40}$$

先按式(4.35)或式(4.37)确定 Δr 作为最大曲柄平衡块的安装位置调整量,再按式(4.38)或式(4.39)确定 ΔG_y 作为最大游梁平衡块的调整量。实际的曲柄平衡块调整量和游梁平衡块调整量,在上述最大值之间选取。

可以先选取游梁平衡块调整量,代入式(4.40),计算出曲柄平衡块的调整量;也可以先选取曲柄平衡块的调整量,再代入式(4.40),计算游梁平衡块的调整量。

4.8.2 传动装置管理

传动装置的管理水平直接影响着抽油机的系统效率以及传动设备的使用寿命,因此,应定期检查传动装置,并进行调整。传动皮带要松紧适中,及时处理减速箱漏油,定期更换减速箱内机油,以减少地面传动部分的能耗。要注意一些运动部件和连接件的调整和润滑,驴头绳要悬挂得当,避免驴头绳"咬帮",支架轴承、横梁轴承、连杆轴承要定期润滑,防止缺油,但也不能过量,比如减速器润滑油超量时,会加重减速器齿轮的运转,造成减速器自身功耗加剧。

4.8.2.1 皮带松紧度管理

抽油机皮带是易损配件,经常需要更换,更换后皮带的调节通常是通过顶丝来完成的,它安装在电动机座上,通过转动可以方便移动电动机的位置,从而调节皮带松紧。

皮带的松紧对抽油机系统效率和耗电量有着直接的影响,那么皮带的松紧到底需要达到怎样的松紧度才能保证抽油机正常运行,并且还能达到节能的目的呢?对于皮带的松紧度问题,针对不同的油田皮带使用情况有着不同的松紧度,因此皮带的松紧度并无定论。各油田需要根据油田自身情况开展皮带松紧度试验,测试出对应条件下的皮带松紧度以指导后期皮带松紧度管理工作,真正起到节能降耗的目的。

比如:2008 年 A 采油厂开展了皮带松紧度调整测试,以制定出皮带能耗最低点的操作标准。2013 年 B 采油厂开展了皮带松紧度调整测试,以制定出皮带能耗最低点的操作标准。分别对使用不同皮带的油井的皮带松紧进行了四个阶段的测试,从皮带最松(不打滑、皮带哗哗响)状态作为起点,逐渐调节电动机顶丝顶紧皮带,分别使皮带达到较松、较紧及最紧(电动机皮带轮接触处皮带有轻微开裂痕迹)状态。对四个状态时抽油机的工作情况做了相应记录,A 采油厂记录结果见表 4.16,B 采油厂记录结果见表 4.17[28,29]。

表 4.16　A 采油厂皮带松紧测试

皮带型号	井数	产液 m^3/d	最松			较松			
			上电流 A	下电流 A	有功功率 kW	上电流 A	下电流 A	有功功率 kW	顶丝转动圈数
5380	15	41.4	44	42	9.940	47	44	9.970	2.87
6350	10	44.1	51	49	11.046	53	49	10.419	2.54
8000	4	60.5	72	72	15.373	75	74	15.303	2.92

皮带型号	井数	产液 m^3/d	较紧				最紧			
			上电流 A	下电流 A	有功功率 kW	顶丝转动圈数	上电流 A	下电流 A	有功功率 kW	顶丝转动圈数
5380	15	41.4	49	46	10.088	6.62	51	47	10.304	9.1
6350	10	44.1	54	52	11.035	7.56	58	53	11.429	9.66
8000	4	60.5	74	72	15.682	7.9	77	76	15.883	10.82

表 4.17　B 采油厂皮带松紧测试

皮带型号	井数	产液 m^3/d	最松			较松			
			上电流 A	下电流 A	有功功率 kW	上电流 A	下电流 A	有功功率 kW	顶丝转动圈数
5640	1	28.9	62	39	9.24	61	37	8.91	2.9
7100	1	28.5	51	55	13.39	50	53	13	2.7
8000	1	52.5	108	90	30.6	106	89	28.4	2.6

续表

皮带型号	井数	产液 m^3/d	较紧				最紧			
			上电流 A	下电流 A	有功功率 kW	顶丝转动圈数	上电流 A	下电流 A	有功功率 kW	顶丝转动圈数
5640	1	28.9	64	41	9.31	5.5	66	43	9.35	7
7100	1	28.5	52	56	14.26	5.5	53	57	14.51	7
8000	1	52.5	110	92	31.7	5.5	111	93	32.2	7

从表4.16和表4.17可以看出:A采油厂皮带从最松到最紧平均有功功率增加0.433kW,顶丝转动9.94圈,顶丝每上紧一圈日耗电增加1.05kW·h;而B采油厂皮带从最松到最紧平均有功功率增加0.94kW,顶丝转动7圈,每紧上一圈日耗电增加0.98kW·h。最终A采油厂将皮带调整标准定在3圈左右,而B采油厂定在2.8圈左右。

以上数据只作参考,因为不同的油田其生产现状不同,使用的皮带型号也不尽相同,因此针对不同的油田,顶丝的调整圈数需要根据油田自身特点进行摸索,制定一套适合自身油田的顶丝调整标准。

4.8.2.2 顶丝改造

虽然制定顶丝调节标准的方法能很好地解决皮带松紧的问题,但是顶丝的调节是一个比较漫长的过程,特别是在更换皮带时。如果严格按照操作规程来换皮带,耗时大约30min左右,耗时长的主要原因就是顶丝不好用。因为每次在用撬杠转动顶丝时,最多只能转动90°,顶丝转动一圈至少需要撬四次,耽误的时间可想而知。不但如此,有些抽油机的顶丝在转动过程中逐渐会隐藏到电动机底座滑道里,导致无法调节或调节困难。

因此,不少油田进行了电动机顶丝改造,都取得了一定的成效,比如采用车用千斤顶原理改造顶丝,将顶丝的调节方向由径向改为横向,调节起来更为方便。这种方式可将更换皮带时间从30min缩短到15min左右。下面介绍一种由中原油田改造的结构简单、调节更为快速的顶丝——手压式齿条推进顶丝[30]。

该电动机顶丝主要由滑动座方块、齿条、齿轮、固定座(燕尾槽)、连接片、垫片和固定螺栓等组成。

首先,将滑动座方块放入电动机底座滑道内,将滑块座与电动机底座固定。之后将固定座(燕尾槽)与已经固定好的滑块座固定在一起,安装好后放入齿条,最后将齿轮等分别连接好。用手柄前后移动转动齿轮,即可调节齿条的伸出长度,来顶移电动机,达到调节皮带松紧的目的。另外,手柄前移利用弹簧的作用,使鸡爪齿弹起即可收回齿条。其原理与齿轮齿条式手动压力机原理相似,只不过多用了一个燕尾槽对齿条位置进行锁定。

将改进后的电动机顶丝应用于实际生产中,将更换皮带的时间由25min 缩短到10min。

4.8.2.3 传动装置润滑管理

试验证明,抽油机润滑不良可导致抽油机耗能增加1% ~50%,甚至造成抽油机因缺油无法运行而停机。另外,抽油机减速箱、各类轴承的损坏60%以上是由于润滑不良造成的,由此造成高额的维修费。

(1)集中润滑管理。

对于抽油机的润滑管理,往往采用分人分工管理,造成油品存放分散,管理混乱,既不利于润滑管理,又浪费了大量油材料。

集中润滑管理是一种新型的抽油机润滑管理方式之一,其管理方式是根据油田情况配置专用润滑工程车,对抽油机润滑油加注、更换、清洗等实行集中管理。集中润滑管理避免了因油品存储分布点多、管理混乱、油品二次污染等问题,使抽油机润滑管理工作变得更快捷、安全和方便。

(2)应用润滑新材料。

在抽油机润滑管理得当的情况下,若要继续增加抽油机润滑油的更换周期,则需要从材料入手,在不考虑抽油机运动部件材料的基础上,只能从润滑油本身出发。2007 年,中国石化胜利油田与长城润滑油联合研制了抽油机减速箱专用润滑脂,并在中国石化多家油田进行了长达两年的跟踪检测。结果表明,抽油机专用润滑脂各项性能指标能够满足抽油机长时间连续运转的润滑要求,延长换机油周期一年,减轻了工人劳动强度,减少了停井时间。

4.8.2.4 变速箱润滑油防盗改造[31]

变速箱润滑油是抽油机日常维护的一大块成本,另外由于抽油机用于野外工作,工况比较恶劣,减速器的维护通常是定期巡检。由于无人看护,油田现场经常会出现减速器内的润滑油失盗的情况,减速器一旦缺少润滑油,就会出现轴承烧灼、齿轮失效等情况,不但导致停井,还会造成高额的维修费用。不少油田为了防止润滑油被盗,通常将视孔盖、轴承盖、放油塞与箱体焊接到一起,这样给减速器的维护带来了很大的不便。

由于变速箱的放油孔、轴承盖、视孔盖这三部位都采用的是标准六角螺栓,因此很容易用扳手退出螺栓,放走变速箱内润滑油。为此,可将这三部分螺栓设计为防盗偏心螺栓,在没有与螺栓匹配的防盗扳手的情况下是无法开启的。防盗偏心螺栓结构如图 4.38 所示。装配时,防盗扳手 2 与螺钉 1 的偏心以及隔套 3 的同心配合进行放油孔、视孔盖、轴承盖螺栓的紧固与拆卸。若用管钳夹住隔套 3 的外径进行拆卸,由于隔套 3 与螺钉 1 无法自锁,管钳就无法将螺钉 1 松开,进而起到了防盗的作用。

但对于放油孔来说,不仅要防盗,还要防止漏油,因此放油孔处的防盗偏心螺栓与其他部位的螺栓在设计上要有一定区别。原因在于,防盗扳手在锁紧防盗油塞时,由于扳手偏心存在自锁性,在锁紧螺栓后反向敲击防盗扳手时经常会使偏心螺栓产生松动,但在现场不容易被发现,使得紫铜垫圈的正压力不足,使密封垫圈压不紧,很容易导致箱体内润滑油的漏失。为解决这一问题,对放油孔螺栓做了特别设计,其关键结构如图 4.39 所示。将退刀槽宽度设计为 4mm,在距螺纹收尾处 2mm 处设计成小头 ϕ27mm 和大头 ϕ30mm 的锥面,拧紧螺栓时,锥面会卡在放油孔,这样既能顺利退刀,又能将密封用的紫铜垫圈撑起,自动对中。当装配时,先将紫铜垫圈套在退刀槽处,刚开始处于退刀槽的最低处,随着螺纹的旋合,紫铜垫圈受挤压会沿着斜度方向进行自动对中,最终会满足有效密封带宽要求。在实际应用中,采用该方法设计的偏心螺栓既能防盗又能防止漏油,对变速箱润滑油的管理起到了很大作用。

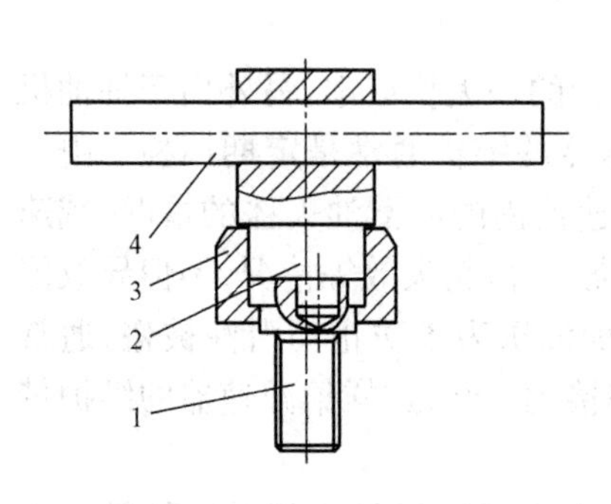

图 4.38 防盗偏心螺栓结构

1—螺钉;2—防盗扳手;3—隔套;4—加力杆

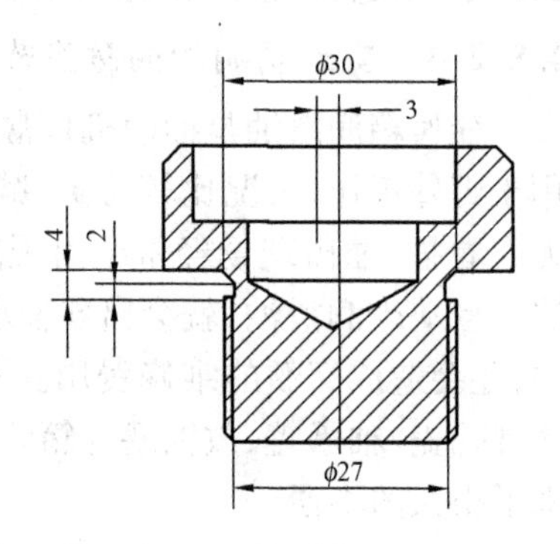

图 4.39 放油孔处防盗螺栓

4.8.3 密封盒松紧度管理

抽油机井井口密封盒是传输动力的重要环节,其松紧度直接影响系统效率和耗电量。密封盒过松会导致井口漏油;而密封盒过紧又会引起电流上升,耗电量增加。因此,合理调整密封盒松紧度既可降低抽油机耗电量,又能提高抽油机井的系统效率。

密封盒及密封材料对密封盒效率有较大影响。对于橡胶类密封盒、普通密封盒、光杆三者匹配的,密封盒的平均消耗功率为 0.665kW 左右;而对于石墨类密封材料、调心密封盒、光杆三者匹配的,密封盒的平均消耗功率只有 0.07kW 左右。因此在选择密封盒时尽量选用调心石墨密封盒。

密封盒压盖松紧程度对耗电的影响比较大,因此密封盒的松紧度调整原则是:在现场操作中,在抽油机光杆和井口对中良好的基础上,密封盒居中,牢固不晃动,在现场操作中,尽量降低密封盒紧度,在不漏、不渗的前提下,允许光杆带油,要求每口井能够做到及时对密封盒松紧调整,选择在最松状态下再紧 1 ~ 2 圈(冬季光杆不发热,允许光杆轻微带油,夏季密封盒应处于不刺、不漏油的最松状态)[32]。

4.8.4 合理套压管理

抽油机井的产量会受到套压的影响,合理的套压可以有效提高油井产量。由于不同的油田套压标准不尽相同,因此采油厂应开展合理套压探索工作,确定一个适合自身油田的套压范围。每口井都需要安装套管定压放气装置,设定合理套压值,进行自动放气,以达到控制合理套压的目的。另外,定期对现场进行套压检查,及时处理套压不合理的油井。

4.8.5 抽油机井间抽技术

随着油田开发进入中后期,地层供液能力日趋不足,部分低产井常采用间歇运行的工作制度来提高泵效和降低产液能耗。

4.8.5.1 选井原则[32]

间抽井选井原则根据油田实际情况进行详细调查后才能确定,下面给出一些参考原则。

(1)油层渗透性差,与周围水井连通状况较差,地层能量得不到有效补充导致长期供液不足的低产低压井。

(2)在现有设备条件下,参数调到最小后仍然达不到供、采协调的井。

(3)产液量小于 15t、沉没度小于 150m、泵效小于 30% 的抽油机井。

(4)井口为偏心井口,以便录取各项监测资料;单井具有计量流程,保证生产资料准确性和试验效果分析。

4.8.5.2 间抽工作制度的确定标准

从油井起抽后开始测量产液量及动液面,当动液面降低到停抽标准时停井,停井后每天测试动液面,当动液面恢复到起抽深度时,再次起抽,测试几次后便可确定初定的间抽周期。

4.8.5.3 间抽井工作标准

对间抽井进行测试期间,需要连续测量出产量、沉没度随时间的变化曲线,以及页面恢复曲线,作为确定间抽工作制度的重要依据。间抽井必须明确标注开始间抽的日期,以便审核油井是否符合间抽条件。

参 考 文 献

[1] 李介祥,夏大洪. 抽油电动机无功动态补偿控制法[J]. 电气时代,2009(09).

[2] 朱益飞. 孤东油田节能变压器应用效果测试对比分析[J]. 石油石化节能,2012(10).

[3] 陈玉萍,王卫煌,张双民. 油田变压器节能技术研究及应用[J]. 石油石化节能,2013(02).

[4] 王微. 抽油机井节能电控箱的综合评价[J]. 石油石化节能,2013(03).

[5] 鲁晓军等. 开关磁阻调速电机在抽油机上的应用[J]. 石油矿场机械,2006,35(4).

[6] 朱荣杰,曹武. 开关磁阻电动机原理及现场试验[J]. 石油石化节能,2013(09).

[7] 莫晗. 喇嘛甸油田异步电动机节能改造试验[J]. 石油石化节能,2013(07).

[8] 刘玉华等. 新型游梁式多井抽油机的设计与性能分析[J]. 机械设计与研究,2011(02).

[9] 王志坚等. 常规游梁式抽油机节能改造的生产实践和探讨[J]. 石油矿场机械,2005(05).

[10] 张树坪,葛艳荣. 游梁式抽油机改造成摆锤式复合平衡抽油机[J]. 石油机械,2006(06).

[11] 杨玉考. 双驴头抽油机改造技术及应用[J]. 中国设备工程,2001(09).

[12] 梁宏宝等. 游梁式抽油机连杆辅助曲柄平衡改造研究[J]. 石油机械,2012(12).

[13] 周勇. 抽油机液压节能装置[J]. 石油石化节能,2013(07).

[14] Furst Eric M, Gast Alice P. Micromechanics of Magnetorheological Suspensions [J]. Physical Review E: Statistical Physics, Plasmas, Fluids, and Related Interdisciplinary Topics, 2000, 61(6).

[15] 郭刚. 基于磁流变液的游梁式抽油机变速节能系统的研究[D]. 中国石油大学,2009.

[16] 张贵贤等. 碳纤维复合材料抽油杆应用技术进展[J]. 钻采工艺,2012(02).

[17] 郭立娜. 抽稠泵采油技术在稠油区块的研究与应用[J]. 中国石油和化工标准与质量,2013(09).

[18] 徐金超等. 三元复合驱无间隙自适应防卡泵的研制与应用[J]. 石油钻采工艺,2013(04).

[19] 赵辉等. 液气混抽泵强制排气增产技术研究[J]. 石油矿场机械,2013(02).
[20] 姚玉华等. 大港油田防偏磨_防腐蚀技术的应用及效果分析[J]. 中国石油和化工,2013(06).
[21] 罗恩勇. 油管旋转防偏磨技术研究与应用[J]. 钻采工艺,2008(S1).
[22] 李颖川. 采油工程[M]. 北京:石油工业出版社,2009.
[23] 赵法军. 稠油井下改质降黏机理及应用研究[D]. 大庆石油学院,2008.
[24] 尉小明等. 稠油降黏方法概述[J]. 精细石油化工,2002(05).
[25] 叶仲斌等. 提高采收率原理[M]. 北京:石油工业出版社,2007:270—290.
[26] 贺清松. 抽油机井调参措施优化方法探讨[J]. 内蒙古石油化工,2013(06).
[27] 徐健. 抽油机井的抽汲参数调整的优化方法[J]. 科学技术与工程,2011(03).
[28] 闫爱慧等. 抽油机皮带和盘根松紧度对能耗影响[J]. 科技资讯,2008(09).
[29] 陆东庆等. 抽油机盘根和皮带的松紧度对能耗的影响[J]. 科技视界,2013(07).
[30] 席连玉,郭英. 新型电动机顶丝的改进与应用[J]. 中国科技投资,2012(27).
[31] 温时明,杨丽金. 防盗装置在抽油机减速器的应用[J]. 机械工程师,2013(08).
[32] 龚大利. 有杆抽油系统经济运行措施优化研究[D]. 大庆石油学院,2010.

5 机械采油系统节能评价

5.1 评价方法概述

目前,石油系统对节能抽油机及配套节能产品的测试评价,主要采用两种方法。

一种方法是在生产井上进行现场测试。即在保持生产井动液面、冲次基本不变的条件下,用电能测试仪测试使用节能产品前后的能耗量来评定节能产品的节能效果。这种方法虽然被油田广泛采用,但由于生产井产液量、动液面深度变化大,而生产井和抽油机之间诸如泵深、产液、冲程、冲次、平衡度等参数也并不相同,由此造成测试数据可比性不高。

另一种方法是在水力模拟井上进行测试。该方法的优点是产液量和动液面深度可以控制,数据可比性高,可以对单一品种的节能产品的能耗进行对比测试、评价。但现有的水力模拟井属于简易的测试装置,受仪器配置、测试同步性、人为误差的影响,存在测试准确度不高、测试项目不全、测试条件单一等问题,同时很多生产一线需要的中间参数不能测试。这种方法对节能产品的测试评价不很准确和完善,且不能对不同节能型抽油机进行对比测试。为克服水力模拟井的不足,建设测试范围广、准确性高,并更具适应性的标准井测试平台成为业内共识。

5.1.1 标准井概述

标准井的装置是大庆油田建设的国内首创、测试准确度高、性能全面、实现数据自动同步采集的抽油机标准试验装置。抽油机标准试验装置由三部分组成:抽油机试验装置、电动机试验装置和变压器试验装置。

5.1.1.1 抽油机试验装置

标准井模拟实际的生产井的情况,基本与生产井的井上部分相同,可划分为输配电部分、电动机部分、皮带和减速箱传动部分、抽油机地面与井下部分、流量与压力检测装置等。

井下采用抽水方式模拟现场实际生产井,使抽油机工作时产生与生产井相同的变化载荷。为了便于抽油机和电动机的安装,底座采用距离可调的导轨结构。为了测试不同功率的抽油机电动机及电控装置,采用一口井两个抽油机底座的结构。在其中一个底座(底座 A)安装 37kW 电动机拖动的 10 型或 12 型抽油机,在电动机的输出端与抽油机的减速箱输出轴都安装高精度扭矩传感器,用以测试机械功率。在另外一个底座(底座 B)可以安装不同型号的抽油机,在该底座上的电动机输出端与齿轮箱输出轴都不安装扭矩传感器。

该装置避免了现有类似简易装置的不足,在标准抽油机的各个环节均安装了高精度的传感器,对抽油机从高压侧到井下各环节的参数均可检测。

测试功能:

(1)对比测试变压器、配电箱、电动机等抽油机应用节能产品的节能效果。

(2)完成不同抽油机的能效测试。

(3)对抽油机井及其产品进行各种节能技术研究试验。

(4)抽油机控制设备的低温性能试验。

测试电压范围:380V,660V,1140V,340V ~ 430V 连续可调。

抽油机测试范围:3 ~ 12 型。

测试布点如图 5.1 所示。

通过各处测点得到的参数,可以明确知道抽油机井系统各个部分的效率,并且可以进行精确地对比试验。

5.1.1.2 电动机试验装置

该装置由四个平台组成,分别是大功率、中功率、小功率电动机试验平台和启动转矩试验平台。电动机试验采用进口双量程扭矩传感器,采用西门子双向变频器对电动机试验产生的能量回馈电网,并对

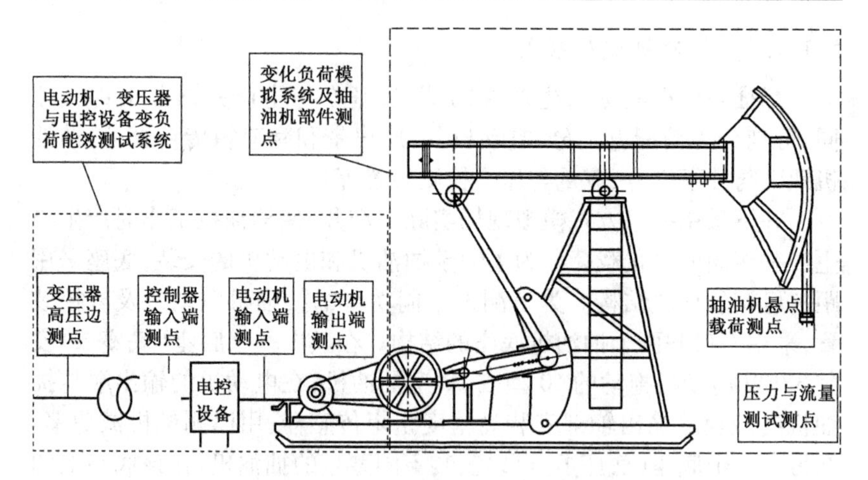

图 5.1 标准井试验装置节能测试布点图

电动机试验负载进行控制。试验电动机范围覆盖 3 ~ 14 型抽油机所用的电动机,该装置实现的功能如下:

(1)抽油机用电动机的性能试验。

(2)永磁电动机的特殊性能试验。

(3)具备进行室内各种电动机的变负荷拖动模拟试验条件。

5.1.1.3 变压器试验装置

该装置主要进行变压器能效测试和常规项目的质量检验。

与模拟井相比,标准井能测试更多的项目,并且具有更高的准确度,它们的测试性能对比见表 5.1。

表 5.1 标准井与模拟井测试性能对比

序号	项目	现有模拟井	标准井
1	系统准确度	±2%左右	±(0.5 ~0.8)%
2	主要测试参数		
2.1	低压电参数	±1.0%	±0.33%
2.2	电动机转速、扭矩	无	有
2.3	悬绳功率	无	有
2.4	产液量	计量罐或电磁流量计	电子秤和质量流量计
2.5	测试同步	测试人员控制	测试系统控制

续表

序号	项目	现有模拟井	标准井
3	测试项目		
3.1	整体节能效果	有	有
3.2	变压器效率	无	有
3.3	配电箱(变频柜)效率	无	有
3.4	电动机效率	无	有
3.5	抽油机井地面效率	有	有
3.6	抽油机机械效率	无	有
3.7	井下效率	有	有
3.8	电动机性能测试	无	有
3.9	变压器性能测试	无	有
3.10	配电箱低温试验	无	有
4	测试条件		
4.1	测试电压	380V 左右, 电压不可调	350~430V 可变电压,可准确 控制电压,660V 和 1140V 可测
5	特殊试验		
5.1	抽油机负载室内模拟	无	有
5.2	永磁电动机失步转矩 和牵入同步转矩试验	无	有

标准井可以为油田优选节能产品提供更加科学可靠的依据,也可以为油田的节能技术监督、测试标准化和有关抽油机的科学研究提供依据。

5.1.2 节电率计算方法

节电率的计算按照 Q/SY 101《抽油机及辅助配套设备节能测试与评价方法》的规定进行。

(1)有功节电率按式(5.1)计算:

$$\xi_y = \frac{W_1 - W_2}{W_1} \times 100\% \tag{5.1}$$

式中　ξ_y——有功节电率,用百分数表示;

W_1——应用节能产品前吨液百米提升高度有功耗电量,kW·h/(10^2m·t),可按式(5.2)计算;

W_2——应用节能产品后吨液百米提升高度有功耗电量,kW·h/(10^2m·t),可按式(5.2)计算。

$$W_1 = \frac{2400P_y}{Q_s\rho H} \tag{5.2}$$

式中　P_y——有功功率,kW;

Q_s——实际产液量,m^3/d;

H——有效扬程,m,按式(3.25)计算。

(2)无功节电率按式(5.3)计算:

$$\xi_w = \frac{Q_1 - Q_2}{Q_1} \times 100\% \tag{5.3}$$

式中　ξ_w——无功节电率,用百分数表示;

Q_1——应用节能产品前吨液百米提升高度无功耗电量,kvar·h/(10^2m·t),可按式(5.4)计算;

Q_2——应用节能产品后吨液百米提升高度无功耗电量,kvar·h/(10^2m·t),可按式(5.4)计算。

$$Q_1 = \frac{2400P_w}{Q_s\rho H} \tag{5.4}$$

式中　P_w——无功功率,kvar。

(3)综合节电率按式(5.5)计算:

$$\xi = \frac{W_1 - W_2 + K_q(Q_1 - Q_2)}{W_1 + K_q Q_1} \times 100\% \tag{5.5}$$

式中　ξ——综合节电率,用百分数表示;

K_q——无功经济当量,kW/kvar,按 GB/T 12497《三相异步电动机经济运行》的规定执行。

当电动机直连发电机母线或直连已进行无功补偿的母线时，K_q 取 0.02 ~ 0.04，二次变压取 0.05 ~ 0.07，三次变压取 0.08 ~ 0.1。当电网采取无功补偿时，应从补偿端计算电动机电源变压次数。

（4）平均综合节电率按式（5.6）计算：

$$\bar{\xi} = \frac{1}{n}\sum_{1}^{n}\xi_i \quad (i = 1,2,3,4,\cdots,n) \tag{5.6}$$

式中　$\bar{\xi}$——平均综合节电率，用百分数表示；

n——不同参数测试次数；

ξ_i——第 i 次测试综合节电率，用百分数表示。

（5）差价投资回收期按式（5.7）计算：

$$\Phi = \frac{\Psi}{M} \tag{5.7}$$

式中　Φ——差价投资回收期，年；

Ψ——单位节能产品增加投资额，万元；

M——单位节能产品的年节能效率，万元/年，按式（5.8）计算。

$$M = 0.864\beta\frac{1}{n}\sum_{i=1}^{n}\xi(P_{yi} + K_q P_{wi})\ (i = 1,2,3,4,\cdots,n) \tag{5.8}$$

式中　β——电量电价，元/（kW · h）；

P_{yi}——第 i 次测量的有功功率，kW；

P_{wi}——第 i 次测量的无功功率，kvar。

5.2　经济效益评价

经济效益是企业生产总值与生产成本之间的比例关系，即产出与投入的对比关系。经济效益评价是将反映企业经济效益的各项指标结合起来进行综合考察，以对企业经营状况和经济效益作出总结和概括。经济效益评价对加强油田管理、深入油田设备优化调整、加大节能措施投入和油田开发动态调整起到重要的指导意义。

单井作为油田生产的最小单元，对单井进行经济效益评价可筛选无经济效益或低经济效益井,并且可以了解单井经济效益变化趋势,为油田成本控制及稳油控水等措施提供依据。

5.2.1 单井经济界限

单井经济界限值是以油井成本、销售收入及税金计算方法为基础,利用盈亏平衡理论计算的净现值为零时所对应的产液量、含水值。对于生产井而言,实施增产或增效措施,其经济界限可简化为措施投入与产出相等时为界限。

单井经济界限确定后对油田各井进行经济效益评价,筛选出低效和无效井。通过对低效无效井进行分析,确定影响经济效益的主要因素,并分析其主要原因,针对不同成因采取相应的治理措施。综合分析评价各种措施效果,对具有增产潜力的井进行经济效益分析,综合考虑经济增油量及投资回收期,最终确定实施措施的油井及措施方法。

5.2.2 投资回收期计算

投资回收期是指使累计的经济效益等于最初的投资费用所需的生产周期,投资回收期有静态投资回收期和动态投资回收期之分。

静态投资回收期计算简单,便于理解,能够直观地反映原始总投资的返本期限,但是,静态投资回收期没有考虑资金时间价值和回收期满后的现金流量,并不能正确反映投资方式的不同对项目的影响。因此,更适合于短期投入与回收计算。

动态投资回收期弥补了静态投资回收期没有考虑资金的时间价值的缺点,使其更符合实际情况。动态投资回收期是项目从投资开始起,到累计折现现金流量等于零时所需的时间。

抽油机系统的差价投资回收期可按照式(5.7)进行计算。差价投资回收期是评价节能产品的一个重要指标,但并非唯一指标,其他指标有:节能产品的应用是否能达到产量要求;节能产品的维修费用及维修期等,一些节能产品具有良好的节能效果,但维修不方便,维修周期长,导致油井长时间停井。对于这些无法预知的情况,在应用前应该做好充分调查和评估,最终,综合差价投资回收期对节能产品进行经济效益评价。

另外,评价是否为节能产品时,还需要评价其节能效果是否达到国内先进水平。

5.2.3 数据包络分析(DEA)评价法

经济效益评价方法有很多种,包括多目标决策的线性加权和法、主成分分析法、人工神经网络方法、数据包络分析(DEA)方法等。由于DEA方法的优越性特别表现在适用于具有多输入、多输出复杂系统的相对有效性或效益评价,因此非常适合单井经济效益评价。目前,国内很多油田已开发出采用DEA方法并适合自身油田的经济效益评价软件,对找出影响各单井经济效益的主要因素,各单井经济效益改进方向及途径起到重要的指导作用。

5.3 节能测试评价方法存在的问题

目前,各油田对抽油机节能产品的节能测试主要采用对比测试法,但在测试过程中存在一些问题,包括抽油机负功耗电量的利用情况、变频器的谐波污染及节能效果评价方法。另外,节能产品节电效果评价的指标为平均综合节电率,评价结果不尽科学。

5.3.1 负功耗电量利用情况分析

SY/T 5264《油田生产系统能耗测试和计算方法》中规定,在计算抽油机系统输入功率时,要减掉系统产生的负功耗电量,大多数油田也按照该标准对节能产品进行评价。但是,根据油田测试经验,系统产生的负功耗只有很少一部分被电网利用,大多数都被损耗掉了。特别是一台变压器带一口抽油机井的情况,所发电量基本上全都被损耗掉了,无法被电网有效利用。因此,在进行节能产品节能效果评价时不应该考虑负功耗电量。但是,针对一台变压器带多口抽油机井或者有其他用电设备时,便需要测试出负功电量中有多少被其他电器所利用,进行节能效果评价时应该将该部分耗电量从有功耗电量中减去。

为测试出有多少负功电量被电网利用,在此介绍一种负功耗电量被利用部分的测试方法。本方法适合一台变压器带多口抽油机井或者有其他用电设备的情况,假定变压器下有一台抽油机和一台其他用电设备,以此作为参考进行测试。

同时启动一台变压器下的抽油机及用电设备,采用三套3169电参数测试仪分别在总线和支线上同时测量累计有功电量和累计负功电量。测试原理如图5.2所示[1]。

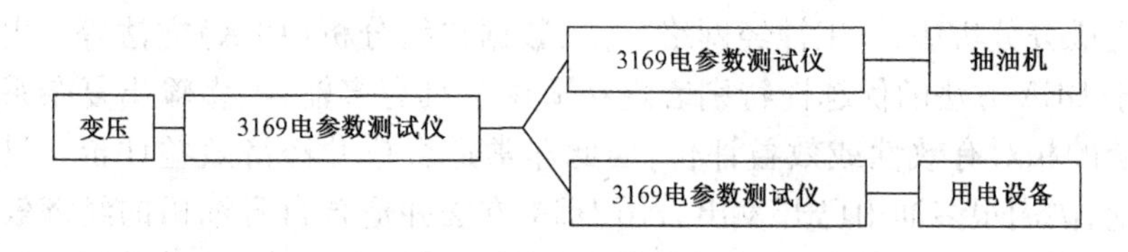

图5.2 抽油机负功耗电量利用率测试简图

将测试结果中支线的累计有功电量和累计负功电量分别相加后与总线累计有功电量和累计负功电量进行比较,便可计算出负功耗电量被电网的利用情况。进行节能效果评价时减去被利用部分电量,可使评价结果更具可靠性和科学性。油田在进行测试时,应按油田电网特点参考本方法进行测试。

5.3.2 变频器谐波污染分析

抽油机变频器用来控制电动机的转速,降低减速箱的峰值扭矩,使电动机功率下降,从而提高电动机效率和负荷率,使运行效率和功率因数也得到提高。另外,由于变频器改变了电动机的机械特性,使抽油机系统达到最佳配合,提高系统效率。

变频器电路的结构为"整流器—电容/电感—逆变器",在此工作过程中,由于整流和逆变都是非线性的,会产生高次谐波,从而对电源及附近的用电设备产生谐波污染。高次谐波会使电源电压和电流产生畸变,对电网质量及用电设备运转造成严重影响。

5.3.2.1 变频器常规评价方法

对变频器的节能评价,需要与电动机结合运行进行测试,目前,油田采用常规方法对其进行评价,即测试应用变频器后的节电率。测试结果表明应用变频器节能效果明显,还可以减缓减速箱的冲击,对抽油机系统稳定运行有很大帮助。但变频器的应用并不算很多,究其原因就是它产生的高次谐波对电网的严重污染。

5.3.2.2 变频器节能测试评价方法改进

为了更科学地评价变频器的节电效果,其高次谐波对电网的影响也应该纳入评价范围。在测试期间,在电动机端和变压器端分别采用电网质量分析仪测试电压谐波畸变情况,根据 GB/T 14549《电能质量 公用电网谐波》中对电网谐波的要求,总畸变率不得超过 5% 。对于电网电压畸变率不合格的变频器,应该评价为不合格产品。

5.3.2.3 变频器谐波抑制措施[1]

应用变频器后电网总是会有谐波污染,因此应该尽量减弱变频器高次谐波的影响。抑制高次谐波的措施有:

(1)利用电抗器增大整流阻抗,使整流重叠角增大。

(2)在变频器前段安装交流滤波器,将变频器产生的高次谐波进行滤波后汇入电源系统。

(3)在应用多台变频器的油田,配置专用变压器,错开变压器的输入电压相位。

适当实施谐波抑制措施,将电压畸变率控制在一定范围内,以保证电网质量,减少对用电设备的影响,充分发挥变频器的节电效果。

5.3.3 合理选取评价指标

目前,节能产品的节电效果评价指标都为平均综合节电率,但是,节能产品在不同工况(负荷)下的节电率是不同的,一些节能产品在轻负荷时节电率很高,但在重负荷时并不节电,因此采用平均综合节电率进行评价是不科学的。

为了科学地评价节电效果,应该分段测试节能产品的节电率,包括轻负荷综合节电率、中负荷综合节电率和重负荷综合节电率,这样可根据油田现场工况(负荷)情况选择最适合油田的节能产品。

5.4 单项技术评价方法

游梁式抽油机采油系统由多个部分组成,影响系统效率的因素也包括很多方面，因此，提高采油效率的途径和方式也是多种多样的，但各种节能产品或节能技术的实施是否能起到节能的作用，一般可采用效果比较测定法对其进行评价。通过对系统节电率的计算对比，可为油田优选更加适合的节能产品或节能技术。

节能产品节能效果的测定与计算需要符合 SY/T 6422《石油企业节能产品节能效果测定》的规定，在可比的运行条件下对应用节能产品前后的能耗值进行测定，计算其节电率来反映节能效果。为了让测试结果具有可比性，需要保证节能产品应用前后油井工况变化较小。因此，在具有标准装置的情况下，节能效果测试应该在标准装置上进行，在无标准装置时，才可选择现场装置进行测试。因为生产井受生产条件限制，工况单一，无法调节抽油机载荷，由此测定的节能效果具有局限性，评价结果代表性差，缺乏科学性。

由于抽油机的工作状态会随井况的变化而变化，抽油机系统的运行是一个变工况运行状态。因此，对节能产品进行节能效果评价时不能只限于一种工作状态时的节能效果。抽油机及其配套辅助设备运行时，其工作效率与载荷并非线性关系，在轻负荷时效率较高的产品，在重负荷时效率不一定高。比如某油田对电控箱进行了节能测试，获得不同节能电控箱在不同负荷下对系统效率的影响曲线，如图 5.3 所示，可以看出在该组测试中动态无功补偿控制器在轻负荷时综合节电率最高，在重负荷时综合节电率最低。因此，为了能科学地评价节能产品的节能效果，测试时应该至少包含三个工作状态，即轻负荷状态、中负荷状态和重负荷状态，分别计算三种状态的综合节电率和节能产品的平均综合节电率。抽油机的负荷可以通过调节动液面深度来控制，比如图 5.3 中设置了动液面深度 200m，400m，600m，800m，即由轻负荷到重负荷。

5.4.1 测试系统流程

在标准装置上对节能产品进行评价时，由于标准装置采用水模拟井液，则井下和地面测试系统需要形成一个密闭的水循环回路，方便控制套压等参数，测试流程如图 5.4 所示[2]，地面测试布点图如图 5.1 所示。在标准装置上进行节能产品的节能效果测试，可调节抽油机的

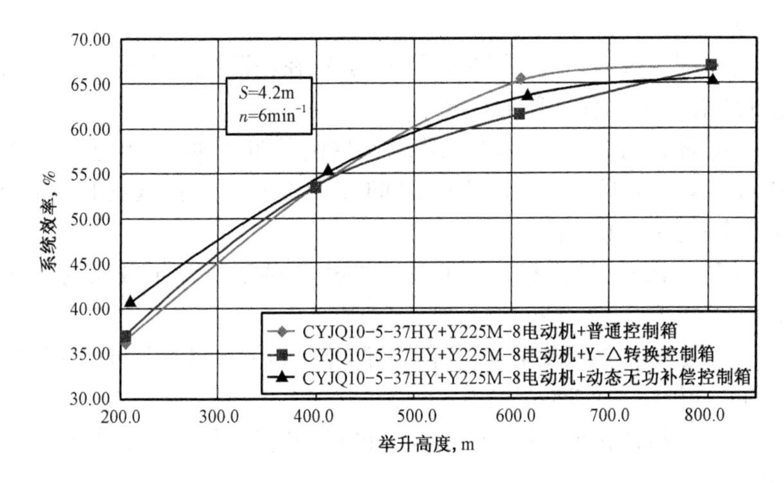

图 5.3 CYJQ10－5－37HB＋Y225M－8 电动机＋不同控制箱系统效率对比曲线

载荷，解决了生产井上测试存在的多种不确定性对测试结果的影响。

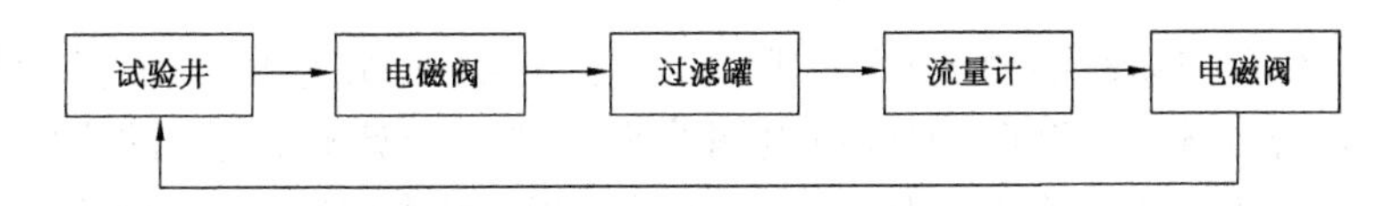

图 5.4 标准井测试流程图

5.4.2 现场测试要求

为了确保测试结果的有效性和科学性，在节能测试期间需要满足以下要求：

（1）测试时，抽油机应该已工作在稳定状态，比如停机后再次测试时，不能立即进行测试。

（2）测试期间，电网电压的波动不得超过 ±5%，否则，对所测数据有很大影响。

（3）测试期间，抽油机平衡度应符合 SY/T 6275《石油企业节能产品节能效果测定》的规定，保持在 85%～100%之间。

（4）对于未改变运行工况情况下的测试，抽油机冲次的变化不应超过 $\pm 0.3\text{min}^{-1}$，冲程保持不变。同时，油井产液量的变化不得超过

±5%。

(5)对于改变运行工况情况下的测试,在保证生产要求的条件下,油井产液量变化不应超过±8%。

(6)测试时,可按实际测试要求至少设置四个动液面深度进行测试,比如200m,400m,600m,800m,同时需要保证每个测试点的动液面误差范围在±10m内。

(7)测试时,最少有一个测试点要达到抽油机额定载荷的70%以上。

(8)被测抽油机及辅助设备的实测冲次和冲程与参照机的实测冲次和冲程误差在±5%范围内。

(9)进行测试时,必须保证各测试点同时测试,以保证数据的可靠性。

(10)每个测试点,测量时间不得少于20min。

5.4.3 供配电系统评价方法

供配电系统的测试方法按照2.2.4进行测试,并且测试和计算都需要符合SY/T 5268《油气田电网线损率测试和计算方法》的规定。测试时需要满足5.4.2中的部分条件的同时,要求测试时间为24h。

5.4.3.1 节能变压器的节电效果测试

本节介绍的节能变压器的节电效果测试方法适合于更新变压器后的节电效果验证以及变压器改造技术的节电效果测试,对于变压器更换的经济效益评价参考5.4.3.3。

对节能变压器节电效果的计算需要在抽油机系统正常运行的状态下进行测试,并且保证节能变压器应用前后抽油机运行状态保持不变。节能变压器的节电效果是对综合功率下降率的评价,按照SY/T 6422《石油企业节能产品节能效果测定》的规定进行计算。

节能变压器有功功率损失下降率按式(5.9)计算:

$$\xi_{Py} = \frac{\Delta W_1 - \Delta W_2}{\Delta W_1} \times 100\% \tag{5.9}$$

式中 ξ_{Py}——有功功率损失下降率,用百分数表示;

ΔW_1——变压器有功损失功率，kW；

ΔW_2——节能变压器有功损失功率，kW。

无功功率消耗下降率按式(5.10)计算：

$$\xi_{Pw}=\frac{\Delta Q_1-\Delta Q_2}{\Delta Q_1}\times 100\% \tag{5.10}$$

式中　ξ_{Pw}——无功功率消耗下降率，用百分数表示；

ΔQ_1——变压器无功消耗功率，kvar；

ΔQ_2——节能变压器无功消耗功率，kvar。

综合功率损失下降率按式(5.11)计算：

$$\xi_{P}=\frac{\Delta W_1-\Delta W_2+K_q(\Delta Q_1-\Delta Q_2)}{\Delta W_1+K_q\Delta Q_1}\times 100\% \tag{5.11}$$

式中　ξ_P——综合功率损失下降率，用百分数表示。

另外，式(5.11)中所涉及的物理量与变压器绕组数等有关，可按照 GB/T 13462《电力变压器经济运行》所提供的计算方法进行计算。

5.4.3.2　无功补偿装置节电效果测试

无功补偿装置节电效果的计算，是对供配电线路线损率的下降程度的评价，线损率按照式(3.6)进行计算，线损率的下降程度可参考式(5.9)、式(5.10)、式(5.11)进行计算。

5.4.3.3　经济效益评价

(1)节能变压器经济效益评价。

配电变压器能效技术经济评价是通过计算配电变压器经济使用期的综合能效费用，筛选出经济使用期综合能效费用最小的配电变压器。

节能变压器经济效益评价按照 DL/T 985 的规定采用 TOC 方法进行评价。

① 配电变压器综合能效费用计算。

配电变压器经济适用期综合能效费用包括配电变压器的初始费用、空载损耗的等效初始费用和负载损耗的等效初始费用，并与基本电费的记取方式有关。

当按照最大需量计算基本电费时，其综合能效费用按式(5.12)计算：

$$TOC = CI + AP_0 + BP_k \tag{5.12}$$

当按照变压器容量计算基本电费时，其综合能效费用按式(5.13)计算：

$$TOC = CI + AP_0 + BP_k + 12k_{pv}E_cS_e \tag{5.13}$$

式中 CI——设备初始费用，元；

A——变压器空载损耗等效费用系数，元/kW，按式(5.15)或式(5.16)计算；

B——变压器负载损耗等效费用系数，元/kW，按式(5.17)或式(5.18)计算；

P_0——变压器额定空载损耗，kW；

P_k——变压器额定负载损耗，kW；

k_{pv}——贴现率 i 的连续 n 年费用现值系数，按式(5.14)计算；

E_c——企业支付的单位容量电费，即两部制电价中按变压器容量收取的月基本电费，元/(kV·A)；

S_e——变压器额定容量，kV·A。

$$k_{pv} = \frac{1 - [1/(1 + i)]^n}{i} \tag{5.14}$$

式中 i——年贴现率；

n——配电变压器经济适用期年数。

当采用最大需量计算基本电费时，空载损耗等效初始费用系数 A 按式(5.15)计算：

$$A = k_{pv}(E_eH_{py} + 12E_d) \tag{5.15}$$

当按照变压器容量计算基本电费时，空载损耗等效初始费用系数A 按式(5.16)计算：

$$A = k_{pv}E_eH_{py} \tag{5.16}$$

式中 E_e——企业支付的单位电量电费，元/(kW·h)；

E_d——企业支付的单位容量电费，即两部制电价中按最大需量收取的月基本电费，元/kW；

H_{py}——变压器年带电小时数，h。

当采用最大需量计算基本电费时，负载损耗等效初始费用系数 B 按式(5.17)计算：

$$B = PL^2k_t(E_e\tau + 12E_d) \tag{5.17}$$

当按照变压器容量计算基本电费时，负载损耗等效初始费用系数 B 按式(5.18)计算：

$$B = PL^2k_tE_e\tau \tag{5.18}$$

式中 τ——年最大负载损耗小时数，h，可参考 DL/T 985《配电变压器能效技术经济评价导则》计算方法；

PL——变压器经济适用期的年负载等效系数，按式(5.19)计算；

k_t——变压器的温度校正系数，通常取 1.0。

$$\begin{aligned} PL^2 &= \sum_{j=1}^{n}\left\{[\beta_o(1+g)^{j-1}]^2[1/(1+i)^j]\right\} \\ &= \frac{\beta_o^2}{(1+i)^n}\frac{(1+i)^n-(1+g)^{2n}}{(1+i)-(1+g)^2} \end{aligned} \tag{5.19}$$

式中 β_o——变压器投运年高峰负载率；

g——变压器高峰负载年均增长率。

② 更新变压器经济效益评价。

对于新变压器的选择，可通过计算其综合能效费用值(TOC 值)，选择 TOC 值小的变压器更经济，对于更换老变压器，则需要对新旧变压器分别计算其 TOC 值，通过 TOC 值的大小来判断是否需要更新变压器。按 DL/T 985 的规定，是否更新变压器遵循以下原则：对在用变压器进行更新时,应按照旧变压器还可继续使用的年限计算新配变压器和旧变压器的 TOC 值。如果旧变压器的 TOC 值小,则不需更换;反之,可更换。

由于更换变压器时,变压器综合能效费用的计算按照旧变压器可继续使用的年限 n_R 计算。因此,旧变压器的初始费用为其当前的剩余值,按式(5.20)计算,新变压器的初始费用为 n_R 年内所消耗的价值,按式(5.21)计算。

$$CI = V_0 \frac{n_R}{n} \tag{5.20}$$

$$CI = V_N \frac{n_R}{n} \tag{5.21}$$

式中 V_0——旧变压器的购置费用,元;

V_N——新变压器的购置费用,元。

另外,对于旧变压器的使用已经超过了经济使用年限的,CI 的值应该取 0。

③ 变压器改造经济效益评价。

对于变压器的改造而言,改造后变压器的购置费用为改造费用,评价方法涉及两方面:一方面是改造后的变压器 TOC 值是否比未改造前小;另一方面,改造后的变压器与更换一台新变压器相比,TOC 值是否更小。若改造后的变压器 TOC 值并非最小,则没有必要实施改造,在此情况下,若配电变压器已达到淘汰标准,可直接更新一台 TOC 值最小的变压器。

DL/T 985《配电变压器能效技术经济评价导则》有一套与标准配套的配电变压器能效技术经济评价软件,该软件采用 TOC 方法可帮助对不同容量变压器、不同损耗变压器和变压器更新的经济选择进行计算,为经济选择变压器提供了方便。

(2)无功补偿装置经济效益评价。

无功补偿装置的经济效益采用差价投资回收期进行评价,按照式(5.7)进行计算,但式(5.7)中单位节能产品的年节能效益 M 需要按

照无功补偿装置应用前后线损率的下降程度来计算,见式(5.22):

$$M = d\beta(\alpha_q E_{rq} - \alpha_h E_{rh})/10000 \tag{5.22}$$

式中 β——变压器负载率,用百分数表示;

α_q——无功补偿装置应用前电网线路线损率,用百分数表示,由式(3.6)计算;

α_h——无功补偿装置应用后电网线路线损率,用百分数表示,由式(3.6)计算;

E_{rq}——无功补偿装置应用前用电体系单日实际总供给电量,kW·h;

E_{rh}——无功补偿装置应用后用电体系单日实际总供给电量,kW·h;

d——无功补偿装置年运行天数。

单位节能产品增加投资额,若为新安装无功补偿装置,则应为安装所增加的投资额,更换无功补偿装置时需要除去旧无功补偿器的回收价值再计算投资回收期。

差价投资回收期在三年以内的,可推荐为节能产品,对多个节能产品评价时,以投资回收期短者为佳。

5.4.4 地面系统评价方法

游梁式抽油机地面系统的经济效益评价,包含对电控箱、电动机、减速器、传动机构、抽油机等的测试与评价,同时还包括对地面系统节能技术的经济效益评价。节能产品或节能技术的经济效益评价按照 Q/SY 101《抽油机及辅助配套设备节能测试与评价方法》和 SY/T 6422《石油企业节能产品节能效果测定》的规定采用单耗法进行计算和评价。

5.4.4.1 游梁式抽油机节能效果测试

本节所涉及的游梁式抽油机节能效果测试对象包括更换新型节能型抽油机、抽油机载荷调整及抽油机节能改造技术,也可作为油田节能监测工作的指导性材料。

评价游梁式抽油机的节能效果时,在满足 5.4.2 中测试要求的同时还需要满足以下条件:

(1)为保证测试结果的可比性,除节能改造测试采用改造前原机作为参照外,所有游梁式抽油机节能效果的测试都需要采用偏置机作为参照,并且被测抽油机的额定载荷、冲程和冲次要和参照机相同。

(2)测试时使用的抽油机辅助设备以原机型(偏置机)配置为准。测试时,按照预先设计好的动液面深度由浅到深依次测量,即抽油机载荷由小到大调整,每个测试点的数据必须进行现场记录。

5.4.4.2 游梁式抽油机配套设备节能效果测试

游梁式抽油机配套设备的节能效果测试需要具备的前提条件与抽油机节能效果测试条件基本一致,不同之处在于:参照机的选择是原型号抽油机,即测试时只更换被测设备进行数据测量,对比更换前后的节电效果。

5.4.4.3 经济效益评价

无论是抽油机还是其配套设备的测试,测试完毕后都需要计算每个工况点的吨液百米耗电、有功节电率、无功节电率、综合节电率、平均综合节电率、系统效率和差价投资回收期,并绘制每个工况点的系统效率—举升高度关系曲线图,如图 5.3 所示。

差价投资回收期在三年以内的,可推荐为节能产品,并且以投资回收期短者为佳。

5.4.5 井下系统评价方法

游梁式抽油机井下系统的经济效益评价是对抽油泵、抽油杆、抽油管以及锚定工具等的节能效果评价,同时也可以是对井下增油措施的效果评价。

5.4.5.1 井下系统节能效果测试要求

根据 SY/T 6422《石油企业节能产品节能效果测定》的规定,井下系统的节能产品的测试除应符合 GB/T 3216《回转动力泵 水力性能验收试验 1 级和 2 级》的规定外,还作了以下要求:

(1)对于未改变电动机运行速度的井下节能产品测试,可选择额定工况或实际工况进行对比测试,测试期间抽油机采液量的变化需要保持在 ±5 % 以内。

(2)对于改变电动机转速的井下节能产品测试,应满足生产工艺的要求,同时,测试期间抽油机采液量的变化需要保持在 ±5% 以内。

(3)对泵进行节能改造前后进行节能效果测试时,测试工况点应该从泵经常运行的最小排量到最大排量均匀选取,并且每个测试工况点的测试时间不少于 10min,最终采用各测试工况点的单耗平均值对节能效果进行评价。

5.4.5.2 井下系统节电率计算方法

井下系统节电率的计算包括有功节电率、无功节电率、综合节电率和评价综合节电率,其计算式分别为式(5.1)、式(5.3)、式(5.5)和式(5.6),但式中有功耗电量和无功耗电量分别为输送 $1m^3$ 液体所消耗的有功和无功电量。

5.4.5.3 经济效益评价

测试结束后进行差价投资回收期计算,按式(5.7)进行计算,差价投资回收期在三年以内的,可推荐为节能产品,并且以投资回收期短者为佳。

5.5 综合技术评价方法

目前,油田对节能产品的节能效果测试大多只针对单个节能产品进行测试,但现在节能产品在油田的应用已相当广泛,包括节能控制柜、节能电动机、节能抽油机等。因此,节能产品不可避免地会出现叠加使用的情况,但是,其叠加使用后的节能效果是否为单个节能产品节能效果的算术叠加需要测试验证。

5.5.1 综合技术节能效果测试与评价

节能产品叠加后的节能效果测试方法与单项节能产品测试方法基本相同,Q/SY 101《抽油机及辅助配套设备节能测试与评价方法》中规定,节能产品叠加测试时以原型号抽油机作为参照机,根据抽油机及不同的辅助设备的性能进行组合,抽油机的冲程、冲次保持不变,以平均综合节电率进行对比,平均综合节电率高者为佳。

另外,在进行组合测试时应该注意,一些需要配套使用的产品,必须配套进行测试,比如变频控制柜与变频节能电动机的组合使用。进行组合测试前，节能产品必须经过单项技术节能效果测试，以便进行节电效果对比，分析其叠加后节能效果是否更好。一般情况下，不需要三种及以上节能产品叠加测试，因为国内一些油田对节能产品进行组合测试的数据表明，叠加节能产品基本上起不到节能作用，与使用单项节能技术的节能效果相当。

5.5.2 经济效益评价

对节能产品组合测试结果进行经济效益评价，前提是节能产品叠加后节电率高于单项节能技术实施时的节电率。因为，增加节能产品后节电率变化较小，必然导致投资成本增大，投资回收期延长，经济效益降低，显然不值得推广。

差价投资回收期按式(5.7)进行计算，差价投资回收期在三年以内的，可推荐为组合节能产品，并且以投资回收期短者为佳。

总之，游梁式抽油机在国内油田应用广泛，其配套的节能产品越来越多，节能产品的应用已成为油田发展趋势，开展节能产品的节能测试评价工作对油田节能降耗至关重要。但油田开展节能测试评价工作耗时费力，评价结果的科学性、合理性和可靠性也有待验证。为保证节能产品节能评价结果的科学性、合理性和可靠性，油田应该集中开展节能产品对比测试研究。分别在标准装置上进行电控箱节能对比测试、电动机节能对比测试、抽油机节能对比测试等，以及节能产品的组合测试，测试出不同节能产品在不同工况下的系统效率和综合节电率数据，以测试结果建立节能测试数据库，设计适合油田自身的游梁式抽油机系统经济运行设计和分析软件。由此，不仅能保证测试数据的科学性、合理性和可靠性，同时为优化油田设备配置、提高经济效益提供强有力的技术和数据支持。

参考文献

[1] 郑贵. 抽油机节能电机测试评价分析中存在的问题及发展思路[J]. 石油石化节能,2012(10).

[2] 孙良伟,常庆欣,胡庆龙. 抽油机井配套节能产品测试方法及效果评价[J]. 石油工业技术监督,2009.

附录1　抽油机典型示功图分析

理论示功图是仅仅考虑了抽油机杆柱承受静载荷时作出来的，因此，理论示功图是规则的平行四边形。抽油机井的实测示功图是深井泵和抽油杆受力复杂过程的真实反映，生产过程中抽油泵将受到制造质量、安装质量以及砂、蜡、气、水、稠油、腐蚀和惯性载荷、震动载荷、冲击载荷与摩擦阻力等因素的综合影响，另外，还要受到漏失、断脱、碰泵、设备故障等的影响。在分析过程中既要依据示功图和油井的各种资料作全面分析，又要找出影响示功图的主要因数。

典型示功图是指某一种因数的影响十分明显，其形状代表了该因数影响下的基本特征。虽然实际情况下有很多因数影响示功图的形状，但总有其主要因数。所以，示功图的形状也就反映着主要因数影响下的基本特征。

下面对不同因数影响下的典型示功图进行分析。

1. 正常示功图

正常情况下，实测示功图和理论示功图的差异不大，均为近似的平行四边形，如附图1所示。但是由于抽油设备的震动、油井深度使抽油杆柱受到较大的惯性力，使图形出现波动和偏转。一般来说，示功图中上下波形的平均线平行，左右曲线平行，所不同的是：上下负荷与基线不平行，具有一定的夹角。随着冲次的加快，惯性载荷和震动载荷也相应增加，导致示功图发生变化，如附图2所示。

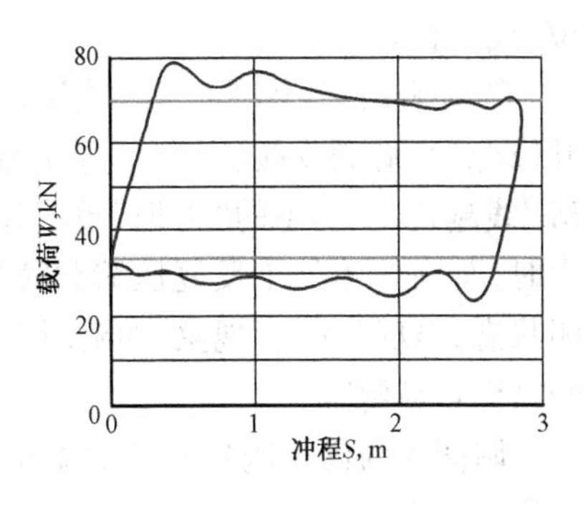

附图1　实测示功图

2. 气体影响的示功图

附图3是有明显气体影响的示功图。由于在下冲程末，泵的

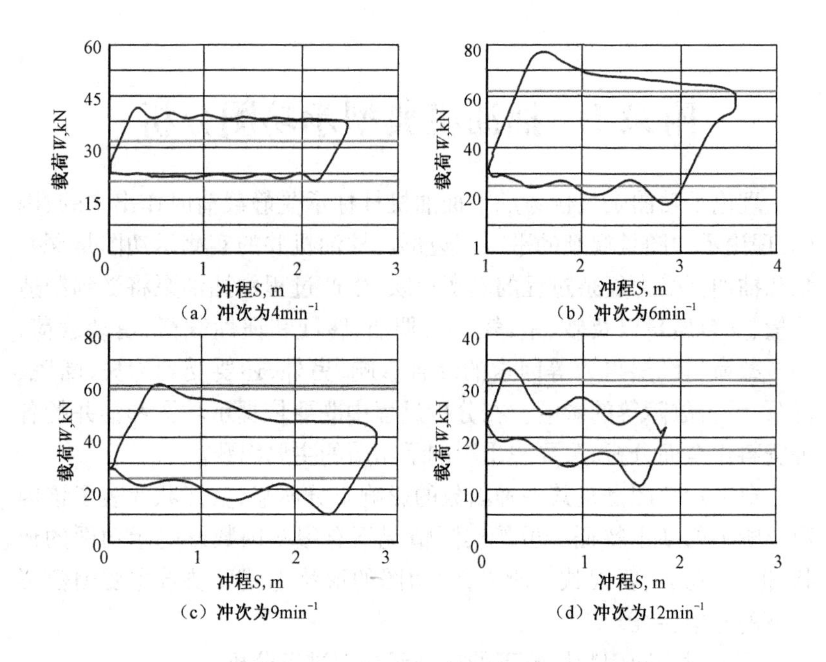

附图2　冲次对示功图的影响

余隙内残存一定量的溶解气和压缩气，上冲程开始后泵内压力因气体膨胀而不能很快降低，使固定阀打开滞后（B'点），加载变缓。余隙越大，残余的气量越多，泵口压力越低，则固定阀打开滞后时间越长，即BB'线延长。

下冲程时，气体受压缩，泵内压力不能迅速提高，使游动阀滞后打开（D'点），卸载变缓（CD'）。泵的余隙越大，进入泵内的气量越多，则DD'线越长，示功图的“刀把”越明显。但沉没压力很低而进泵气量过大时，泵内气体处于反复压缩和膨胀状态，吸入阀和排出阀均处于关闭状态，出现“气锁”现象，如附图3中虚线所示，但气锁会因沉没压力升高而自动解除。

附图4为固定阀打不开而游动阀关不上状态，图形呈圆弧形，无产量。

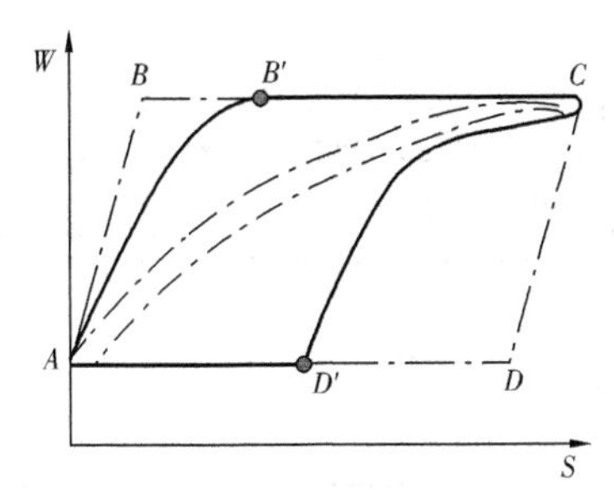

附图3　气体影响示功图

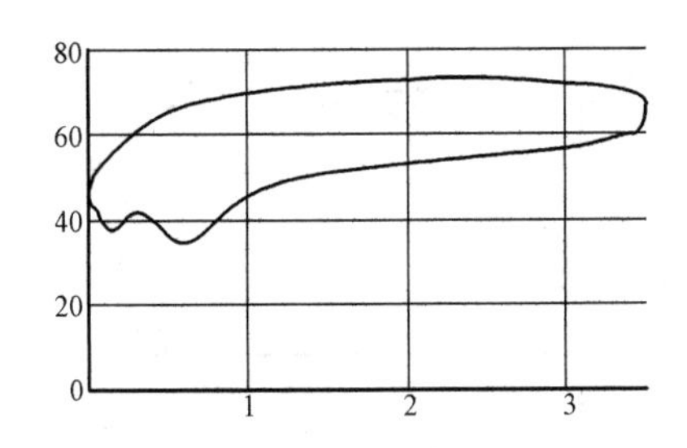

附图4　气体影响严重的实测示功图

3. 充不满影响的示功图

当沉没度过小,供液不足,使液体不能充满泵筒时的示功图如附图5所示,充不满影响严重的实测示功图如附图6所示。

如附图5所示,泵充不满的图形特征是下冲程中悬点载荷不能立即减小,只有当柱塞遇到液面时,才迅速卸载。卸载点较理论示功图卸载点左移(D'点)。有时,因柱塞撞击液面(液击),在抽油泵上会造成很高的冲击应力,使最小载荷线会出现波浪。充不满程度越严重,则卸载线越往左移,如曲线2和曲线3。

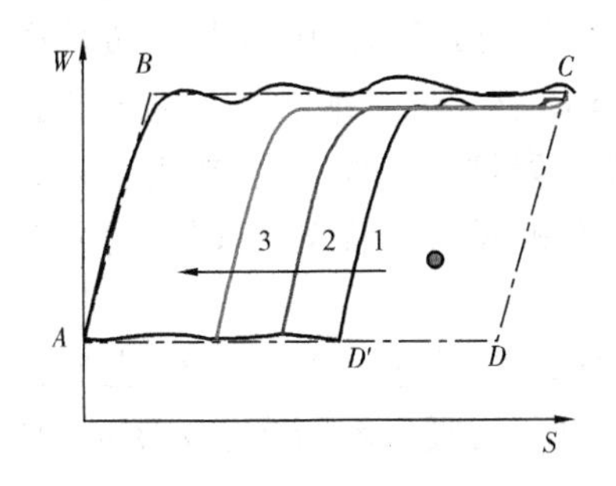

附图5　充不满影响示功图

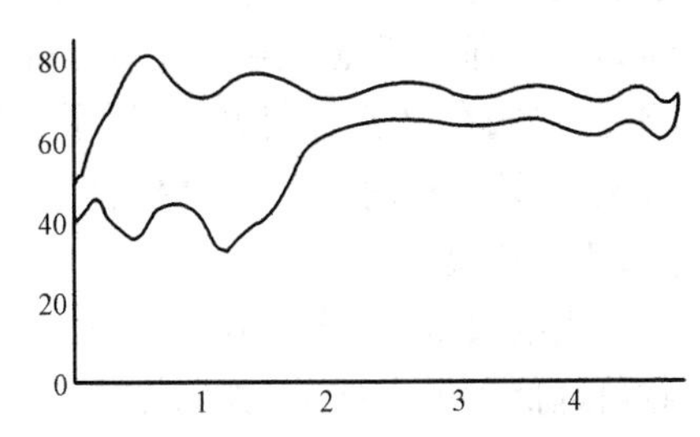

附图6　充不满影响严重的实测示功图

4. 漏失影响的示功图

(1)排出部分漏失。

附图7是排出部分漏失影响的示功图,附图8是排出部分漏失影响的实测示功图。

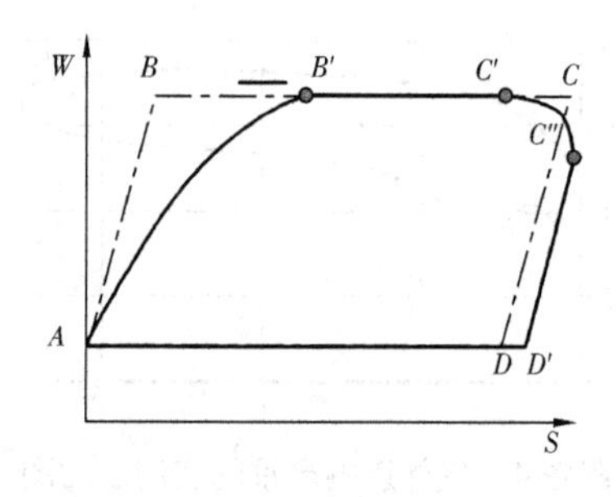

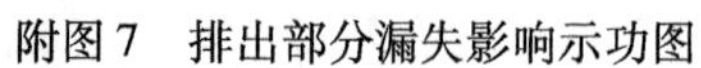
附图 7　排出部分漏失影响示功图

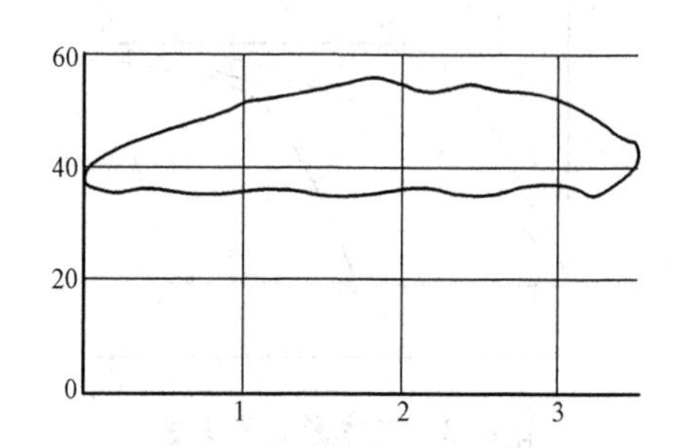

附图 8　排出部分漏失影响严重的实测示功图

如附图 7 所示，上冲程时，泵内压力减小，柱塞两端产生压差，是柱塞上面的液体经排出部分不严密处（游动阀及柱塞间隙）楼市到柱塞下部的泵筒内，漏失速度随柱塞下面压力减小而增大。由于漏失到下面的液体有向上的“顶托”作用，所以悬点载荷不能及时上升到最大值，使加载缓慢，随着悬点运动加快，“顶托”作用相对减小，直到柱塞上行速度小于漏失速度时，悬点载荷达到最大静载荷（B'点）。当柱塞继续上行到后半冲程时，因柱塞上行速度又逐渐减慢。在柱塞速度小于漏失速度瞬间（C'点），又出现了液体的“顶托”作用，使悬点负荷提前卸载。到上死点时悬点载荷已降至 C''点。由于排出部分漏失的影响，固定阀在 B'点才打开，滞后了 BB'一段柱塞行程；而在接近上死点时又在 C'点提前关闭。这样柱塞的有效吸入行程为 $B'C'$。漏失越大，$B'C'$越短。

当漏失量很大时，由于漏失液对柱塞的“顶托”作用很大，上冲程载荷远低于最大载荷，如附图 7 中 AC''所示，吸入阀始终是关闭的，泵的排量等于零。

现象：产量下降，液面上升，载荷减小，上电流比正常时小，下电流正常。抽憋时，上冲程压力上升缓慢。

（2）吸入部分漏失。

附图 9 是吸入部分漏失影响的示功图，附图 10 是吸入部分漏失影响严重的实测示功图。

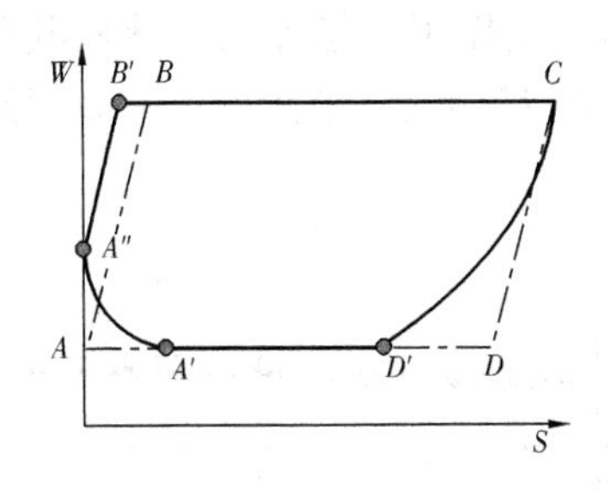

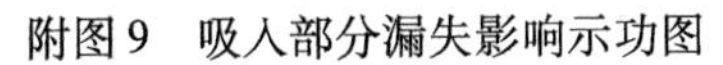
附图9　吸入部分漏失影响示功图

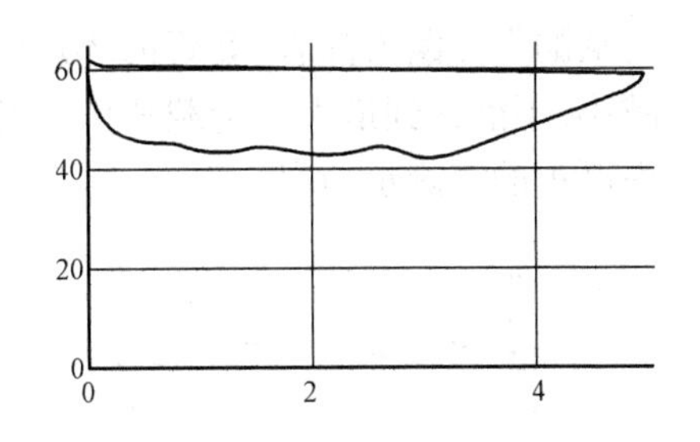

附图10　吸入部分漏失
影响严重的实测示功图

如附图9所示，下冲程开始后，由于固定阀漏失使泵内压力不能及时增高，延缓了卸载过程。同时，使游动阀不能及时打开。当柱塞速度大于漏失速度后，泵内压力增高到大于液柱压力，将排出阀打开而卸去液柱载荷（D'点）。下冲程后半冲程中柱塞速度减小到低于漏失速度时，泵内压力降低使排出阀提前关闭（A'点），悬点提前加载。到达下死点时，悬点载荷已增加到A''点。因此柱塞的有效排出冲程为$D'A'$。

现象：产量下降，液面上升，上电流正常，下电流稍大。抽蹩时上冲程压力上升，下冲程压力下降。

（3）排出、吸入部分同时漏失。

排出、吸入部分同时漏失的示功图是两种漏失图形的叠合，近似于椭圆形，如附图11所示。

现象：产量下降，严重漏失时不出油，液面上升。上电流较低，下电流稍大。抽蹩压力上升缓慢，严重时不升。

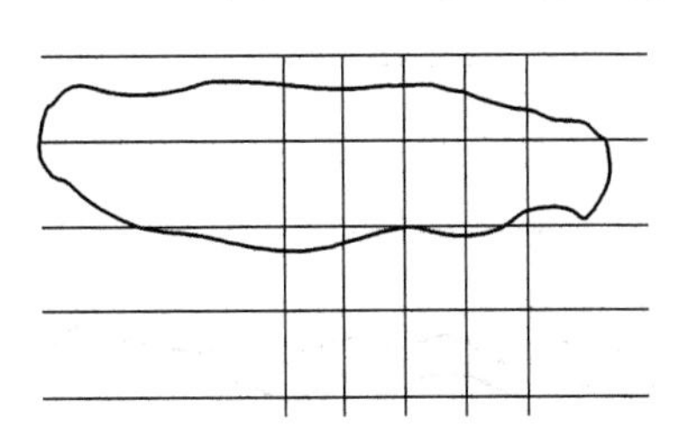

附图11　排出、吸入部分同时
漏失影响示功图

（4）油管漏失。

油管漏失不是泵本身的问题，所以示功图形状与理论示功图形状相近，只是由于进入油管的液体会从漏失处漏入油管、套管的环形空间,使作用于悬点上的液柱载荷减小,不能达到最大理论载荷值,如附图 12 所示。附图 13 是油管漏失严重的实测示功图。

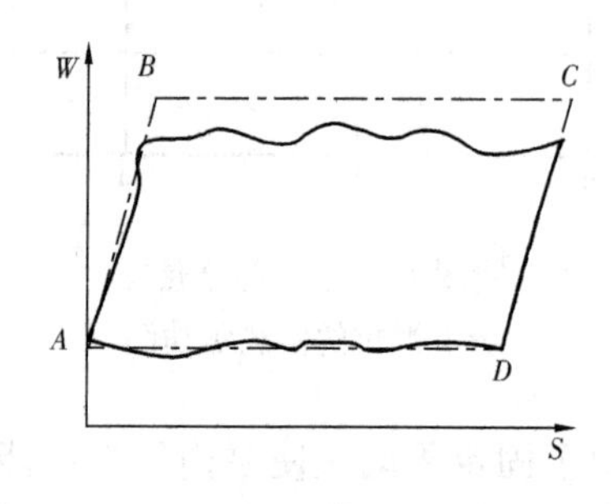

附图 12　油管漏失影响示功图

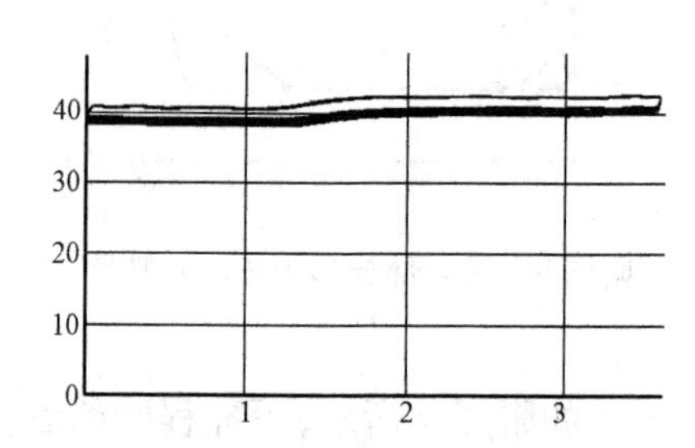

附图 13　油管漏失严重的实测示功图

现象:这类井产液量逐渐下降,液面逐渐上升,电流上冲程小,下冲程正常,抽蹩压力上升,稳压稳不住,热洗后图形逐渐增大,但实际载荷仍小于理论载荷。

5. 抽油杆断脱影响的示功图

抽油杆断脱后的悬点载荷实际上是断脱点以上的抽油杆柱在液体中的重力,只是由于摩擦力使上下载荷线不重合,成条带状。图形的位置取决于断脱点的深浅:断脱点离井口越近,示功图越接近横坐标;断脱点离井口越远,示功图越接近最小理论载荷线。附图 14 和附图 15 分别为抽油杆断脱理论示功图及实测示功图。

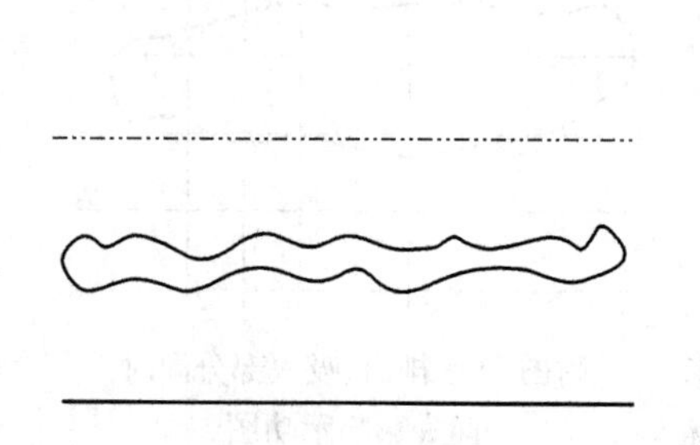

附图 14　抽油杆断脱影响示功图

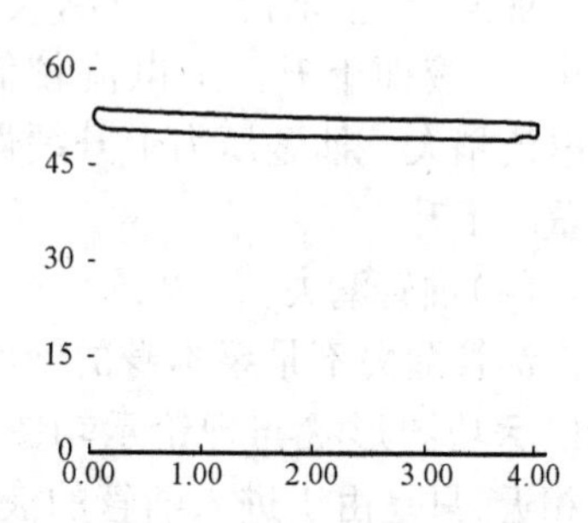

附图 15　抽油杆断脱的实测示功图

6. 油层出砂影响的示功图

原油中含有砂粒时，细小砂粒随着油流进入泵内，使柱塞在整个行程中或在某个区域，增加一个附加阻力。上冲程附加阻力使悬点载荷增加，下冲程附加阻力使悬点载荷减小。由于砂粒在各处分布的大小不同，影响的大小也不同，致使悬点载荷会在短时间内发生多次急剧变化，因此使示功图在载荷线上出现不规则的锯齿状尖峰，当出砂不严重时，示功图的整个形状仍与理论示功图形状近似。油层出砂影响的示功图如附图16所示。

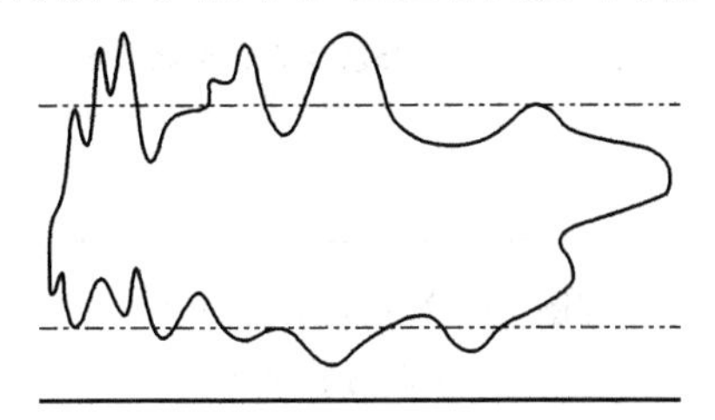

附图16　油层出砂影响示功图

7. 油井结蜡影响的示功图

由于油井结蜡，使活塞在整个行程中或某个区域增加一个附加阻力：上冲程，附加阻力使悬点载荷增加；下冲程，附加阻力使悬点载荷减小，并且会出现振动载荷，反映在示功图上，上下载荷线上出现波浪型弯曲，并且上下行程的波峰比较大，图形显得圆润、肥胖，如附图17所示，附图18为油井结蜡的实测示功图。

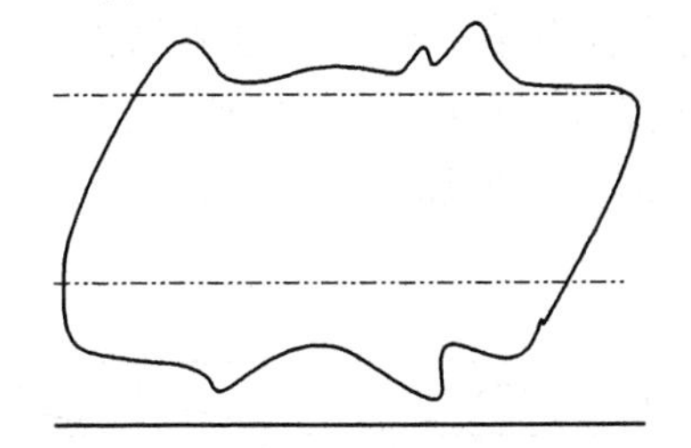

附图17　油井结蜡影响示功图

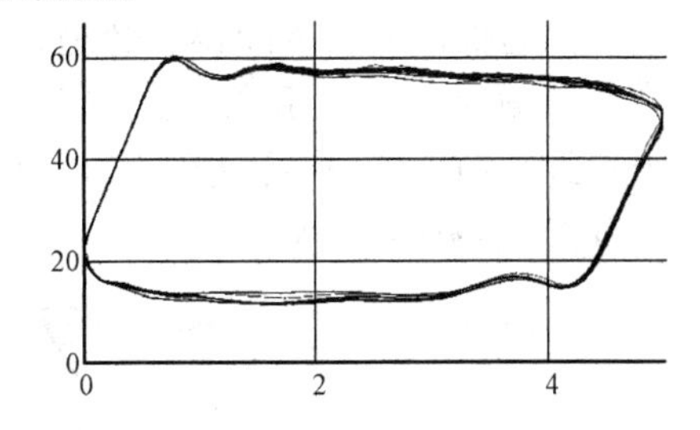

附图18　油井结蜡的实测示功图

8. 管式泵活塞脱出工作筒影响的示功图

由于防冲距过大，在上冲程中活塞会脱出工作筒，悬点突然卸载，因此卸载线急剧下降。另外，由于突然卸载，引起活塞跳动，反映在示功图中,右下角为不规则波浪形曲线,如附图 19 所示,附图 20 为管式泵活塞脱出工作筒的实测示功图。

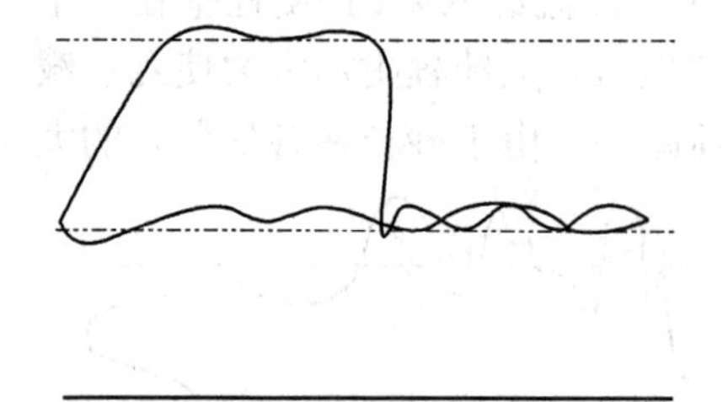
附图 19　管式泵活塞脱出工作筒影响示功图

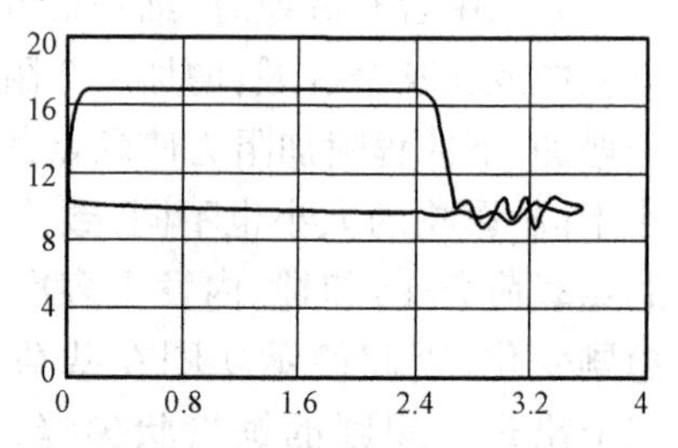

附图 20　管式泵活塞脱出工作筒的实测示功图

9. 活塞碰泵影响的示功图

(1)活塞下行碰泵影响示功图。活塞下行碰泵影响的示功图主要特征是在左下角有一个环状图形。原因是由于防冲距过小,当活塞下行接近下死点时,活塞与固定阀相碰撞,光杆负荷急剧降低,引起抽油杆柱剧烈振动,这时活塞又紧接着上行而引起的。同时由于振动引起游动阀和固定阀跳动,封闭不严,造成漏失使载荷减小。附图 21 为活塞下行碰泵影响示功图。

(2)活塞上行碰、挂影响示功图。

因为抽油杆长度配得不合适,使光杆下第一个接箍进入采油树,在井口碰刮;或是因用杆式泵或大泵时防冲距过大造成抽油机驴头在上行终止前,抽油杆接箍刮井口,使负载突然增加,图形在右上方有个小耳朵,如附图 22 所示。

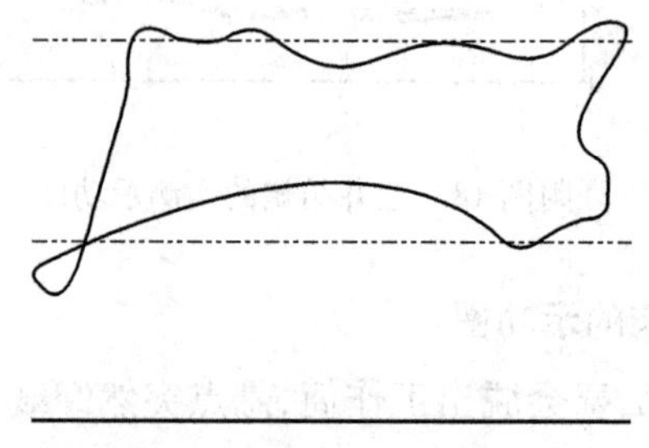
附图 21　活塞下行碰泵影响示功图

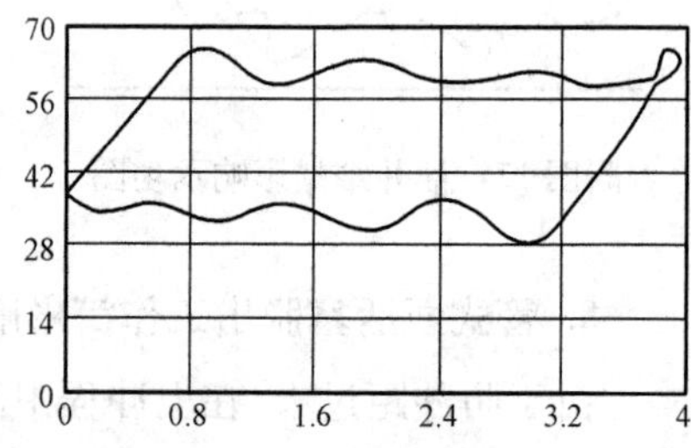

附图 22　活塞上行碰、挂影响示功图

10. 稠油影响的示功图

油稠影响的示功图主要特点是：上下载荷线变化幅度大，而且原油黏度越大，幅度变化越大；示功图的四个角较理论示功图圆滑。形成原因：稠油黏度大，所以流动摩擦阻力增加，因此上行时光杆载荷增加，下行时光杆载荷减小；另外由于油稠使阀球的开启、关闭滞后现象明显，致使增载、减载迟缓，所以增载线和卸载线圆滑。油稠影响的实测示功图如附图23所示。

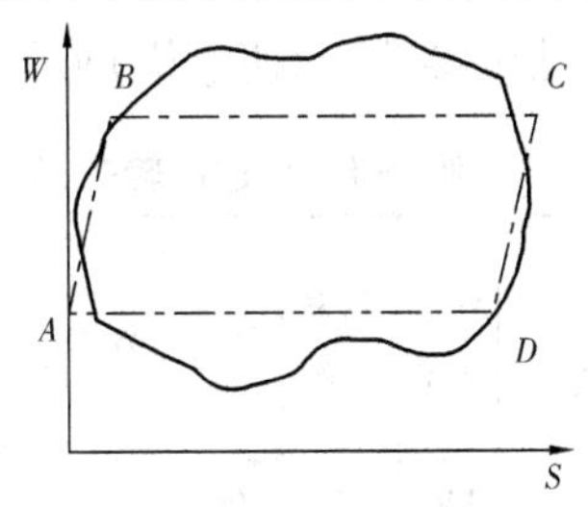

附图23　油稠影响的实测示功图

由于泵的工作状况比较复杂，在解释示功图时，必须全面了解油井情况，才能对泵的工作状况和故障原因作出正确的判断。

以上示功图分析往往只能对泵的工作状况作某些定性的分析，无法作出定量判断。

附录2　电动机参数(承德电机)

电动机参数(承德电机)见附表1至附表6。

附表1　单速高转差(380V,承德电机)电动机参数表

型　号	额定功率	额定电流	转速	效率	功率因数 $\cos\varphi$	堵转转矩/额定转矩	堵转电流/额定电流	最大转矩/额定转矩	噪声	振动速度	空载损耗
	kW	A	r/min	%		倍	倍	倍	dB(A)	mm/s	W
单速高转差(YCH)同步转速1000r/min6级380V											
YCH200－6	15	31.73	933.2	83.9	0.856	2.73	5.37	5.37	<84	<2.8	728.25
YCH200L－6	18.5	39.99	927.1	84	0.837	3.49	5.67	5.67	<84	<2.8	823.95
YCH225－6	25.2	49.32	921.2	84.1	0.924	3.06	5.67	5.67	<87	<2.8	1018.75
YCH250－6	33	63.83	926.9	84.7	0.927	2.98	5.84	5.84	<87	<3.5	1294.8
YCH250L－6	37	70.7	933.5	85.6	0.929	9.98	7.05	7.05	<87	<3.5	1376.15
YCH280－6	45	89.79	928.3	85.2	0.893	3.93	6.46	6.46	<90	<3.5	1648.7
YCH280L－6	55	109.88	921.3	85.3	0.892	4.92	6.88	6.88	<90	<3.5	1767
单速高转差(YCH)同步转速750r/min8级380V											
YCH200－8	11	27.13	692.2	81.7	0.754	2.81	4.47	4.47	<81	<2.8	642.55
YCH200L－8	15	36.41	688.2	81.6	0.767	2.62	4.27	4.27	<84	<2.8	845.75
YCH225－8	18.5	38.8	694.7	84.4	0.858	3.66	5.95	5.95	<84	<2.8	763.25
YCH250－8	25	51.07	693.2	84.3	0.882	3.18	5.64	5.64	<87	<3.5	1009.45
YCH250L－8	30	61.14	687.4	83.7	0.891	3.46	5.66	5.66	<87	<3.5	1207.2
YCH280－8	33	72.64	689.4	83.7	0.824	3.85	5.57	5.57	<87	<3.5	1374.05
YCH280L－8	45	95.1	687.5	84.1	0.855	3.18	5.19	5.19	<90	<3.5	1707.4
YCH315M1－8	55	109.39	698.9	86.58	0.882	3.26	5.98	5.98	<90	<3.5	1609.905
YCH315M2－8	75	147.43	695.4	86.63	0.892	2.62	5.29	5.29	<93	<3.5	1975.875

续表

型　号	额定功率	额定电流	转速	效率	功率因数 $\cos\varphi$	堵转转矩/额定转矩	堵转电流/额定电流	最大转矩/额定转矩	噪声	振动速度	空载损耗
	kW	A	r/min	%		倍	倍	倍	dB(A)	mm/s	W
单速高转差(YCH)同步转速 500r/min12 级 380V											
YCH200L－12	6.3	25.96	461	74	0.498	3.07	3.07	3.07	<81	<2.8	766.8
YCH225－12	10	31.7	450.6	77.2	0.621	3.32	3.55	3.55	<81	<2.8	807.05
YCH250－12	13	33.73	461.8	82.3	0.711	3.24	4.57	4.57	<84	<3.5	708.1
YCH280－12	17	50.86	462.1	80.7	0.629	3.31	4.07	4.07	<84	<3.5	1133.1
YCH280L－12	22	68.56	464.6	82.1	0.594	4.1	4.42	4.42	<84	<3.5	1314.2
YCH315M2－12	37	88.2	465.2	85.38	0.746	2.53	4.43	4.43	<87	<3.5	1343.375
单速超高转差(YCCH)同步转速 1000r/min6 级 380V											
YCCH200－6	13.3	31.8	859.1	76.9	0.827	3.7	4.15	4.15	<84	<2.8	729.45
YCCH200L－6	17	40.83	875.4	78.9	0.802	4.16	4.52	4.52	<84	<2.8	846.7
YCCH225－6	22	49.47	861.1	78.1	0.865	3.97	4.53	4.53	<84	<2.8	1020.35
YCCH250－6	30	65.21	876.1	79.6	0.878	3.98	4.87	4.87	<87	<3.5	1330.55
YCCH280－6	43	93.37	867.1	79.4	0.881	4.13	4.8	4.8	<90	<3.5	1734.3
YCCH280L－6	55	116.14	888	82	0.877	4.69	5.55	5.55	<90	<3.5	1892.45
单速超高转差(YCCH)同步转速 750r/min8 级 380V											
YCCH200－8	10	26.47	644.2	76.1	0.755	3.62	3.74	3.74	<81	<2.8	618.8
YCCH200L－8	13	34.61	631.1	74.9	0.762	3.46	3.49	3.49	<84	<2.8	781.65
YCCH225－8	17	42.4	641.4	77.1	0.79	4.13	4.13	4.13	<84	<2.8	864.45
YCCH250－8	22	52.18	653.4	78.9	0.812	4.13	4.51	4.51	<84	<3.5	1039.6
YCCH280－8	30	71.14	641	77.8	0.823	4.05	4.25	4.25	<87	<3.5	1333.8
YCCH280L－8	37	83.18	659.7	80.8	0.836	4.27	4.87	4.87	<87	<3.5	1404.8

附表 2　单速高转差(660V,承德电机)电动机参数表

型　号	额定功率	额定电流	转速	效率	功率因数 cosφ	堵转转矩/额定转矩	堵转电流/额定电流	最大转矩/额定转矩	噪声	振动速度	空载损耗
	kW	A	r/min	%		倍	倍	倍	dB(A)	mm/s	W
单速高转差(YCH)同步转速 1000r/min6 级 660V											
YCH200 - 6	15	18.58	924	83.1	0.85	2.91	5.16	5.16	<84	<2.8	734.55
YCH200L - 6	18.5	23	925.6	83.7	0.841	3.39	5.56	5.56	<84	<2.8	840.4
YCH225 - 6	25	29.43	929.1	84.6	0.878	3.59	6.13	6.13	<87	<2.8	1029.85
YCH250 - 6	33	38.18	920.3	83.7	0.903	2.9	5.37	5.37	<87	<3.5	1406.7
YCH280 - 6	45	51.73	926.9	85	0.896	3.82	6.33	6.33	<87	<3.5	1686.1
YCH280L - 6	55	63.62	928.4	85.9	0.88	5.42	7.46	7.46	<90	<3.5	1745.6
单速高转差(YCH)同步转速 750r/min8 级 660V											
YCH225 - 8	18.5	38.8	694.7	84.4	0.858	3.66	5.95	5.95	<84	<2.8	763.25
YCH250 - 8	25	51.07	693.2	84.3	0.882	3.18	5.64	5.64	<87	<2.8	1009.45
YCH250L - 8	30	61.14	687.4	83.7	0.891	3.46	5.66	5.66	<87	<3.5	1207.2
YCH280 - 8	33	41.47	684	82.9	0.839	3.51	5.2	5.2	<87	<3.5	1413.6
YCH280L - 8	45	54.83	686	83.7	0.858	3.07	5.06	5.06	<90	<3.5	1781.35
单速高转差(YCH)同步转速 500r/min12 级 660V											
YCH200L - 12	6.3	14.34	458.2	73.5	0.523	2.81	2.98	2.98	<81	<2.8	775.15
YCH225 - 12	10	18.52	461.6	78.7	0.6	3.48	3.96	3.96	<81	<2.8	816.35
YCH250 - 12	13	33.73	461.8	82.3	0.711	3.24	4.57	4.57	<84	<3.5	708.1
YCH280 - 12	17	29.67	463.1	80.9	0.62	3.41	4.13	4.13	<84	<3.5	989.2
YCH280L - 12	22	37.97	461.8	81.7	0.62	3.77	4.26	4.2	<84	<3.5	1295.85

续表

型　号	额定功率	额定电流	转速	效率	功率因数 cosφ	堵转转矩/额定转矩	堵转电流/额定电流	最大转矩/额定转矩	噪声	振动速度	空载损耗
	kW	A	r/min	%		倍	倍	倍	dB(A)	mm/s	W
单速超高转差(YCCH)同步转速1000r/min6级660V											
YCCH200-6	13	18.01	870.2	77.9	0.81	4	4.4	4.4	<84	<2.8	702.3
YCCH200L-6	17	23.47	872.7	78.5	0.807	4.06	4.44	4.44	<84	<2.8	863.5
YCCH225-6	22	28.61	874.8	79.4	0.847	4.39	4.9	4.9	<84	<2.8	989.6
YCCH250-6	30	37.63	864.3	78.4	0.889	3.66	4.53	4.53	<87	<3.5	1376.4
YCCH280-6	43	53.86	864.2	79	0.884	4.02	4.71	4.71	<90	<3.5	1778.3
YCCH280L-6	55	67.06	898.4	83	0.864	5.16	6.01	6.01	<90	<3.5	1857.15
单速超高转差(YCCH)同步转速750r/min8级660V											
YCCH200-8	10	15.61	654.2	77.1	0.727	4	3.97	3.97	<81	<2.8	620.9
YCCH200L-8	13	20.13	637.5	75.6	0.748	3.66	3.61	3.61	<84	<2.8	778.7
YCCH225-8	17	24.58	644.5	77.3	0.782	4.22	4.2	4.2	<84	<2.8	877.55
YCCH250-8	22	30.51	662.6	80	0.789	4.56	4.83	4.83	<84	<3.5	1024
YCCH280-8	30	40.44	638.3	77.4	0.839	3.79	4.14	4.14	<87	<3.5	1362.7
YCCH280L-8	37	47.92	657.6	80.4	0.84	4.13	4.76	4.76	<87	<3.5	1458.85

附表3　单速高转差(1140V,承德电机)电动机参数表

型　号	额定功率	额定电流	转速	效率	功率因数 cosφ	堵转转矩/额定转矩	堵转电流/额定电流	最大转矩/额定转矩	噪声	振动速度	空载损耗
	kW	A	r/min	%		倍	倍	倍	dB(A)	mm/s	W
单速高转差(YCH)同步转速1000r/min6级1140V											
YCH200-6	15	10.85	924.9	82.6	0.848	2.85	5.12	5.12	<84	<2.8	531.7
YCH200L-6	18.5	13.4	926	83.3	0.839	3.32	5.51	5.51	<84	<2.8	898.2
YCH225-6	25.2	17.25	919.4	82.8	0.893	3.01	5.37	5.37	<87	<2.8	1211.45
YCH250-6	33	22.2	926	83.9	0.897	3.04	5.65	5.65	<87	<3.5	1468.4
YCH280-6	45	30.09	927.4	84.6	0.895	3.72	6.26	6.26	<87	<3.5	1811.1
YCH280L-6	55	36.85	920.5	84.8	0.892	4.68	6.68	6.68	<90	<3.5	1926.7

续表

型号	额定功率	额定电流	转速	效率	功率因数 $\cos\varphi$	堵转转矩/额定转矩	堵转电流/额定电流	最大转矩/额定转矩	噪声	振动速度	空载损耗
	kW	A	r/min	%		倍	倍	倍	dB(A)	mm/s	W
单速高转差(YCH)同步转速750r/min8级1140V											
YCH225－8	18.5	38.8	694.7	84.4	0.858	3.66	5.95	5.95	<84	<2.8	763.25
YCH250－8	25	51.07	693.2	84.3	0.882	3.18	5.64	5.64	<87	<2.8	1009.45
YCH250L－8	30	61.14	687.4	83.7	0.891	3.46	5.66	5.66	<87	<3.5	1207.2
YCH280－8	33	24.33	688.5	83.1	0.827	3.68	5.42	5.42	<87	<3.5	1503.1
YCH280L－8	45	31.9	686.5	83.3	0.857	3.03	5.04	5.04	<90	<3.5	1905.05
单速高转差(YCH)同步转速500r/min12级1140V											
YCH200L－12	6.3	9.04	460.7	71.8	0.491	3.12	3.03	3.03	<81	<2.8	890.7
YCH225－12	10	10.45	462.2	78.1	0.621	3.11	3.92	3.92	<81	<2.8	880.05
YCH250－12	13	13.91	457.7	77.7	0.609	3.39	3.79	3.79	<84	<3.5	1113.75
YCH280－12	17	17.01	461.3	79.8	0.634	3.2	3.99	3.99	<84	<3.5	1237.6
YCH280L－12	22	22.89	464.1	81.5	0.597	4.01	4.36	4.36	<84	<3.5	1397.8
单速超高转差(YCCH)同步转速1000r/min6级1140V											
YCCH200－6	13	10.43	884.2	78.6	0.803	4.01	4.6	4.6	<84	<2.8	756.25
YCCH200L－6	17	13.67	873.4	78.2	0.806	3.99	4.41	4.41	<84	<2.8	923.4
YCCH225－6	22	16.64	858.1	77.1	0.868	3.74	4.36	4.36	<84	<2.8	1148
YCCH250－6	30	21.85	874.5	79.1	0.879	3.83	4.76	4.76	<87	<3.5	1434.05
YCCH280－6	43	31.05	874.1	79.5	0.882	4.02	4.86	4.86	<90	<3.5	1889.25
YCCH280L－6	55	38.4	899.9	82.7	0.877	4.66	5.83	5.83	<90	<3.5	2032.25
单速超高转差(YCCH)同步转速750r/min8级1140V											
YCCH200－8	10	9	649.5	76.1	0.74	3.73	3.82	3.82	<81	<2.8	666.85
YCCH200L－8	13	11.81	638.4	75	0.744	3.61	3.58	3.58	<84	<2.8	859.8
YCCH225－8	17	14.61	651.4	77.5	0.76	4.4	4.3	4.3	<84	<2.8	960.8
YCCH250－8	22	17.5	651.7	78.1	0.816	3.94	4.38	4.38	<84	<3.5	1146.6
YCCH280－8	30	23.85	639.3	77.1	0.826	3.89	4.15	4.15	<87	<3.5	1459.55
YCCH280L－8	37	25.96	658.7	80.42	0.898	3.7	4.85	4.85	<87	<3.5	1475.35

附表4　双速高转差(380V,承德电机)电动机参数表

型　号	级数	额定功率	额定电流	转速	效率	功率因数 cosφ	堵转转矩/额定转矩	堵转电流/额定电流	最大转矩/额定转矩	噪声	振动速度	空载损耗
	级	kW	A	r/min	%		倍	倍	倍	dB(A)	mm/s	W
同步转速500/1000r/min12/6级　380V												
YCHD225-12/6	6	18.5	39	918	80.6	0.892	2.52	4.86	4.86	<84	<2.8	1181.05
	12	8.5	31.69	458.8	74.5	0.547	3.73	3.61	3.61			972.75
YCHD250-12/6	6	25	51.75	925.3	81.7	0.896	2.56	5.15	5.15	<87	<3.5	1134.1
	12	11	40.3	465	76.7	0.541	3.93	3.96	3.96			1013.9
YCHD280-12/6	6	33	27.7	934.5	83.7	0.878	3.45	6.21	6.21	<87	<3.5	1680.05
	12	15	52.66	466.7	77.5	0.495	5.18	4.2	4.25			1459
YCHD280L-12/6	6	45	91.35	948.3	85.9	0.869	3.71	7.17	7.17	90	<3.5	1966.65
	12	22	84.8	471.7	79.6	0.495	4.98	4.51	4.51			1902.7
同步转速500/750r/min12/8级380V												
YCHD225-12/8	8	15	37.38	698.4	80.6	0.754	2.88	4.79	4.479	<84	<2.8	1075.1
	12	7.5	28.65	462.2	75.6	0.526	3.8	3.65	3.65			816.75
YCHD250-12/8	8	22	27.02	698.7	81.4	0.783	2.66	4.81	4.81	84	<3.5	1304.6
	12	11	14.16	463.6	77.7	0.562	3.51	3.82	3.82			915.21
YCHD280-12/8	8	28	64.83	689.9	81	0.808	2.76	4.65	4.65	<87	<3.5	1734.5
	12	13	44.11	461.1	78.5	0.571	3.94	3.96	3.96			1079.3
YCHD280L-12/8	8	37	83.57	698.8	83	0.809	2.64	4.94	4.94	<87	<3.5	2029.15
	12	18.5	58.64	464.2	80.4	0.596	3.42	4.03	4.03			1335.1
YCHD280L2-12/8	8	45	92.96	703.8	84.69	0.866	2.59	5.52	5.52	90	<3.5	2085.28
	12	22	59.82	471.1	83.43	0.67	3.22	4.88	4.88			1259.5

续表

型号	级数	额定功率	额定电流	转速	效率	功率因数 cosφ	堵转转矩/额定转矩	堵转电流/额定电流	最大转矩/额定转矩	噪声	振动速度	空载损耗
	级	kW	A	r/min	%		倍	倍	倍	dB(A)	mm/s	W
同步转速750/1000r/min8/6级380V												
YCHD225-8/6	6	22	46.56	938.7	84.3	0.849	3.34	6.14	6.14	<84	<2.8	1076.9
	8	15	36.13	695.7	82.3	0.764	2.44	4.38	4.38			850.9
YCHD250-8/6	6	28	58.37	942.6	84.5	0.86	3.11	6.2	6.2	<87	<3.5	1391.5
	8	18.5	43.66	701.9	83.7	0.767	2.42	4.65	4.65			962.6
YCHD280-8/6	6	40	82.19	938	85.1	0.866	3.61	6.45	6.45	<90	<3.5	1720.3
	8	28	64.49	693	83.2	0.791	2.5	4.47	4.47			1317.4
YCHD280L-8/6	6	50	100.51	946.1	86.6	0.87	3.5	6.85	6.85	<90	<3.5	1692.77
	8	33	74.67	703.7	85.4	0.784	2.24	4.83	4.83			1236.38
YCHD315M2-8/6	6	65	124.9	945.6	87.37	0.903	2.35	5.82	5.82	<93	<3.5	2771.5
	8	50	105.66	695	86.06	0.835	1.07	3.24	3.24			2499.81

附表5 双速高转差(660V,承德电机)电动机参数表

型号	级数	额定功率	额定电流	转速	效率	功率因数 cosφ	堵转转矩/额定转矩	堵转电流/额定电流	最大转矩/额定转矩	噪声	振动速度	空载损耗
	级	kW	A	r/min	%		倍	倍	倍	dB(A)	mm/s	W
YCHD225-12/6	6	18.5	21.48	925	81.42	0.928	2.16	4.91	4.91	<84	<2.8	674.8
	12	8.5	14.18	465.9	78.99	0.664	3.09	4.37	4.37			423.1
YCHD250-12/6	6	25	28.3	937.7	83.45	0.928	2.45	5.72	5.72	<87	<3.5	958.7
	12	11	18.55	472.9	81.02	0.64	3.61	5.08	5.08			605.3
YCHD250L-12/6	6	30	34.22	925.8	82.96	0.927	3.22	5.99	5.99	<87	<3.5	1190.2
	12	15	25.44	461.4	79.43	0.649	4.24	4.69	4.69			883.33

续表

型　号	级数	额定功率	额定电流	转速	效率	功率因数cosφ	堵转转矩/额定转矩	堵转电流/额定电流	最大转矩/额定转矩	噪声	振动速度	空载损耗
	级	kW	A	r/min	%		倍	倍	倍	dB(A)	mm/s	W
同步转速500/750r/min12/8级660V												
YCHD225－12/8	8	15	21.66	698.3	80.5	0.755	2.86	4.77	4.77	<84	<2.8	979.5
	12	7.5	16.64	462.4	75.4	0.523	3.83	3.65	3.65			748.4
YCHD250－12/8	8	22	30.84	702.8	82	0.763	2.91	5.09	5.09	<84	<3.5	1280.3
	12	11	23.36	466.4	77.8	0.53	3.87	3.94	3.94			944.96
YCHD280－12/8	8	28	38.5	697.8	82	0.778	3.14	5.11	5.11	<87	<3.5	1539.3
	12	13	27.76	465.7	78.4	0.523	4.54	4.14	4.14			1048.1
YCHD280L－12/8	8	37	49.04	702.9	83.5	0.793	2.85	5.23	5.23	<87	<3.5	1806.1
	12	18.5	35.43	467.1	80.5	0.568	3.74	4.18	4.18			1244.4
同步转速750/1000r/min8/6级660V												
YCHD225－8/6	6	22	27.15	941.3	84.5	0.841	3.48	6.34	6.34	<84	<2.8	—
	8	15	21.15	698.1	82.5	0.754	2.55	4.51	4.51			—
YCHD250－8/6	6	28	31.62	946.8	84.71	0.917	2.79	6.52	6.52	<87	<3.5	1423.95
	8	18.5	22.88	707.3	84.36	0.838	1.56	4.36	4.36			947.53
YCHD280－8/6	6	45	51.21	945	84.87	0.908	3.45	7.01	7.01	<90	<3.5	1647.2
	8	37	45.86	691.8	82.71	0.853	1.6	3.87	3.87			1097.1
YCHD280L－8/6	6	50	58.88	946.7	86.4	0.863	3.6	6.92	6.92	<90	<3.5	—
	8	33	43.37	704.5	85.5	0.781	2.46	4.89	4.89			—

附表6 双速高转差(1140V,承德电机)电动机参数表

型 号	级数	额定功率	额定电流	转速	效率	功率因数 $\cos\varphi$	堵转转矩/额定转矩	堵转电流/额定电流	最大转矩/额定转矩	噪声	振动速度	空载损耗
	级	kW	A	r/min	%		倍	倍	倍	dB(A)	mm/s	W
同步转速500/750r/min12/8级1140V												
YCHD280 −12/8	8	28	22.1	694.4	80.8	0.792	4.82	2.86	2.86	<87	<3.5	1506.36
	12	13	15.57	463.1	77.3	0.546	3.99	4.14	4.14			990.24
YCHD280L −12/8	8	37	26.02	705.5	84.4	0.851	5.53	2.66	2.66	<87	<3.5	1837.75
	12	18.5	16.95	469.8	83	0.666	4.77	3.25	3.25			1085.85
同步转速750/1000r/min8/9级 1140V												
YCHD225 −8/6	6	22	15.66	937.4	83.4	0.851	3.11	5.87	5.87	<84	<2.8	1084.5
	8	15	12.13	694.3	81.2	0.769	2.33	4.25	4.25			863.9
YCHD250 −8/6	6	28	18.58	945	83.99	0.906	2.63	1.46	1.46	<87	<3.5	1103.2
	8	18.5	13.41	704.7	82.88	0.843	6.15	4.12	4.12			790.6
YCHD280 −8/6	6	45	30.99	941.2	83.74	0.876	3.28	1.84	1.84	<90	<3.5	1861.4
	8	37	28.3	686.9	80.85	0.819	6.37	3.8	3.8			1131.5
YCHD280 L−8/6	6	55	35.77	947.7	86.3	0.9	3.75	7.44	7.44	<90	<3.5	1845.7
	8	37	26.48	705.9	85.57	0.827	2.1	4.88	4.88			1277.1